上海市工程建设规范

既有公共建筑节能改造技术标准

Technical standard for energy efficiency retrofitting of
existing public building

DG/TJ 08—2137—2022
J 12587—2022

主编单位：上海市房地产科学研究院
上海建科集团股份有限公司
华东建筑设计研究院有限公司
批准部门：上海市住房和城乡建设管理委员会
施行日期：2022 年 12 月 1 日

同济大学出版社

2023 上海

图书在版编目(CIP)数据

既有公共建筑节能改造技术标准/上海市房地产科学研究院,上海建科集团股份有限公司,华东建筑设计研究院有限公司主编. —上海:同济大学出版社,2023.3

ISBN 978-7-5765-0799-7

Ⅰ.①既… Ⅱ.①上… ②上… ③华… Ⅲ.①公共建筑-节能-技术改造-技术标准-上海 Ⅳ.①TU242-65

中国国家版本馆 CIP 数据核字(2023)第 039771 号

既有公共建筑节能改造技术标准

上海市房地产科学研究院
上海建科集团股份有限公司　　**主编**
华东建筑设计研究院有限公司

责任编辑　朱　勇
责任校对　徐春莲
封面设计　陈益平

出版发行　同济大学出版社　　www.tongjipress.com.cn
(地址:上海市四平路 1239 号　邮编:200092　电话:021-65985622)
经　　销　全国各地新华书店
印　　刷　浦江求真印务有限公司
开　　本　889mm×1194mm　1/32
印　　张　3.125
字　　数　84 000
版　　次　2023 年 3 月第 1 版
印　　次　2023 年 3 月第 1 次印刷
书　　号　ISBN 978-7-5765-0799-7
定　　价　30.00 元

上海市住房和城乡建设管理委员会文件

沪建标定〔2022〕369 号

上海市住房和城乡建设管理委员会
关于批准《既有公共建筑节能改造技术标准》
为上海市工程建设规范的通知

各有关单位：

由上海市房地产科学研究院、上海建科集团股份有限公司、华东建筑设计研究院有限公司主编的《既有公共建筑节能改造技术标准》，经我委审核，现批准为上海市工程建设规范，统一编号为 DG/TJ 08—2137—2022，自 2022 年 12 月 1 日起实施。原《既有公共建筑节能改造技术规程》（DG/TJ 8—2137—2014）同时废止。

本标准由上海市住房和城乡建设管理委员会负责管理，上海市房地产科学研究院负责解释。

上海市住房和城乡建设管理委员会

2022 年 8 月 8 日

前 言

根据上海市住房和城乡建设管理委员会《关于印发〈2019 年上海市工程建设规范、建筑标准设计编制计划〉的通知》(沪建标定〔2018〕753 号)的要求,由上海市房地产科学研究院、上海建科集团股份有限公司、华东建筑设计研究院有限公司会同有关单位进行了广泛的调查研究,认真总结实践经验,并参照国内外相关标准和规范,在反复征求意见的基础上,对上海市工程建设规范《既有公共建筑节能改造技术标准》DG/TJ 08—2137—2014 进行修订。

本标准的主要内容有:总则;术语;基本规定;围护结构节能改造;供暖、通风和空调及生活热水供应系统节能改造;电力与照明系统节能改造;用能监测系统节能改造;节能改造后评估。

本次修订的主要内容有:

1. 提出整窗更换后外窗传热系数要求。

2. 调整屋面及外墙保温适用材料类型。

3. 补充外墙反射隔热涂料、气凝胶等薄体材料的应用。

4. 提升改造后供暖、通风和空调及生活热水供应系统、电力与照明系统等设备性能指标要求。

5. 提升用能监测系统设计及设备性能指标要求。

各单位及相关人员在执行本标准过程中,如有意见和建议,请反馈至上海市房屋管理局(地址:上海市世博村路 300 号;邮编:200125),上海市房地产科学研究院(地址:上海市复兴西路 193 号;邮编:200031;E-mail:shfkkygl@163.com),上海市建筑建材业市场管理总站(地址:上海市小木桥路 683 号;邮编:200032;E-mail:shgcbz@163.com),以供今后修订时参考。

主 编 单 位:上海市房地产科学研究院
上海建科集团股份有限公司
华东建筑设计研究院有限公司

参 编 单 位:上海东方雨虹防水技术有限责任公司
上海浦东建筑设计研究院有限公司
上海圣奎塑业有限公司
上海中南建筑材料有限公司
上海建工四建集团有限公司
上海市闵行区建筑建材业管理所
上海天华建筑设计有限公司
上海市房屋建筑设计院有限公司

参 加 单 位:旭密林能源科技(上海)有限公司
上海奇鸣涂料有限公司
上海豪米建设工程技术服务有限公司
上海众合检测应用技术研究所有限公司
上海东方延华节能技术服务股份有限公司
上海太平洋能源中心
苏州库里南新材料科技有限公司

编 制 人 员:赵为民 古小英 钱昭羽 杨 霞 张 蕊
张 超 华俊杰 满唐骏夫 何晓燕 张文宇
王士军 瞿 燕 李承铭 邹文利 高 凌
吴俊锋 畅 印 刘丙强 季 良 钟 巍
徐金枝 张 铭 谷志旺 曹佳雯 张秀俊
范 昂 许 敏 张霁川 宗劲松 王峻强
寇玉德 沈祖宏 王 新 郭元清 汪海生
张栋鹏

参 加 人 员:陈 烨 郭建新 范旗军 杜定敏 黄立付
杨德堃 于 兵 张芸芸 许 鹰 张 军
王博庆

主要审查人员：寿炜炜　朱邦范　周建民　任剑峰　王美华
张传生

上海市建筑建材业市场管理总站

目　次

Contents

1 总 则

1.0.1 为贯彻国家有关建筑节能的法律法规和方针政策，推进建筑节能工作，提高既有公共建筑能源利用效率，改善室内环境品质，制定本标准。

1.0.2 本标准适用于本市既有公共建筑的节能改造工程的诊断、设计、施工以及验收等。

1.0.3 既有公共建筑的节能改造，除应符合本标准的要求外，尚应符合国家、行业和本市现行有关标准的规定。

2 术 语

2.0.1 既有公共建筑 existing public building

已建成的供人们进行各种公共活动的民用建筑。

2.0.2 单项节能改造 single retrofitting for energy efficiency

为降低既有公共建筑运行能耗并达到既定的节能目标，对建筑围护结构、用能设备或系统中的一项，进行改造的活动。

2.0.3 综合节能改造 comprehensive retrofitting for energy efficiency

为降低既有公共建筑运行能耗并达到既定的节能目标，对建筑围护结构、用能设备或系统中的两项或两项以上，进行改造的活动。

2.0.4 节能诊断 energy diagnosis

通过对建筑物现场调查、检测以及对能源消耗记录和设备历史运行记录统计分析等方式，为建筑物节能改造提供依据的活动。

2.0.5 节能改造后评估 post-assessment for energy efficiency retrofit

既有公共建筑节能改造后，对围护结构热工性能、用能设备能效、节能效果进行检测、分析和验证的活动。

2.0.6 能效限定值 minimum allowable values of energy efficiency for equipment

在标准规定的测试条件下，设备效率的最小允许值。

2.0.7 节能评价值 evaluating values of energy conservation for equipment

在标准规定的测试条件下，满足节能认证要求应达到的最低允许值。

2.0.8 气凝胶绝热涂料体系 thick-layer insulation coating system with aerogel

涂覆于建筑墙体表面，由底涂漆、气凝胶绝热中涂漆、气凝胶绝热面涂漆复合，施涂后形成总干膜厚度大于 2 mm 的，具有装饰、绝热功能的涂料体系。

3 基本规定

3.0.1 既有公共建筑节能改造应在保持或改善室内环境的基础上，提高能源利用效率，降低能源消耗。

3.0.2 既有公共建筑节能改造应因地制宜地选择单项节能改造或综合节能改造。

3.0.3 既有公共建筑节能改造宜结合公共建筑其他功能提升、室内装饰装修同步进行。有条件的项目，可结合建筑的绿色化改造同步进行。

3.0.4 既有公共建筑节能改造应在保证结构安全的前提下开展。既有公共建筑节能改造全过程应注重安全性，工程质量和安全管理应符合国家、行业及本市现行相关标准的规定。

3.0.5 既有公共建筑节能改造前应进行节能诊断，节能诊断范围应包括建筑物围护结构热工性能、供暖通风和空调及生活热水供应系统、电力与照明系统、用能监测系统等。

3.0.6 既有公共建筑节能改造应根据节能诊断结果，结合节能改造判定原则，从技术可靠性、可操作性、节能性和经济性等方面进行综合分析，选取合理可行的节能改造方案和技术措施。

3.0.7 既有公共建筑节能改造后宜进行节能改造后评估，后评估结果应作为验证节能改造效果的判据。

3.0.8 既有公共建筑节能改造所用材料和设备应符合设计要求，其性能应符合国家、行业和本市现行相关标准的要求，严禁使用国家和本市禁止与淘汰的材料和设备。

3.0.9 既有公共建筑节能改造宜采用合同能源管理方式实施。

3.0.10 既有公共建筑节能改造时，应合理利用可再生能源。

3.0.11 既有公共建筑节能改造宜按图 3.0.11 的流程进行。

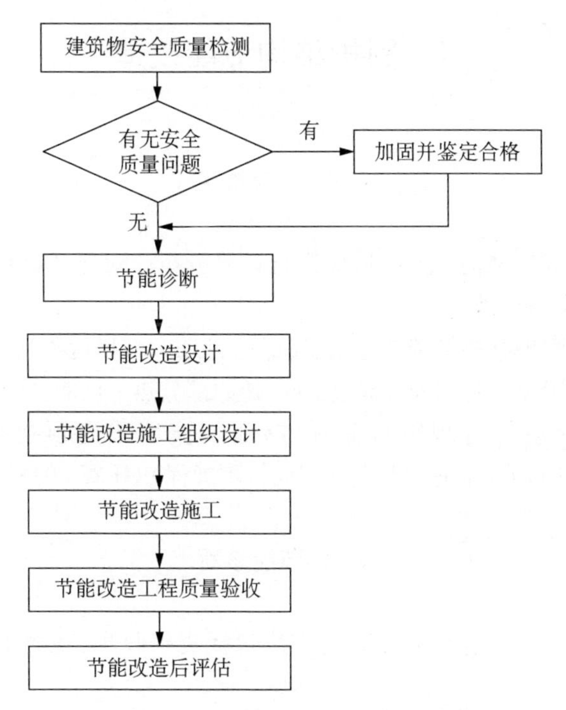

图 3.0.11 既有公共建筑节能改造流程

4 围护结构节能改造

4.1 一般规定

4.1.1 围护结构节能改造应进行计算分析。对热桥部位应采取可靠保温隔热措施。

4.1.2 围护结构节能改造时,可结合外墙改造增设外遮阳设施。

4.1.3 屋顶透明部分节能改造时,透明部分热工性能、气密性能和水密性能应符合现行行业标准《建筑玻璃采光顶技术要求》JG/T 231 以及《采光顶与金属屋面技术规程》JGJ 255 的相关规定。

4.2 节能诊断

4.2.1 围护结构节能诊断的方法包括资料收集、现场勘查及性能检测。

4.2.2 围护结构节能诊断应包括以下指标:

1 建筑各朝向窗墙比。

2 外窗、透明幕墙、屋顶透明部分传热系数及遮阳系数。

3 外遮阳类型及遮阳系数。

4 外窗、透明幕墙气密性。

5 屋面构造形式及传热系数。

6 外墙(包括非透明幕墙)构造形式及传热系数。

4.2.3 建筑各朝向窗墙比应依据建筑平面、立面、剖面图及门窗表(门窗、透明幕墙尺寸),并结合现场勘查结果计算确定。

4.2.4 外窗、透明幕墙、屋顶透明部分传热系数及气密性应按下列方法确定:

1 外窗传热系数应按现行上海工程建设规范《公共建筑节能设计标准》DGJ 08—107 附录 C 规定的计算方法计算得到，或依据外窗检测报告确定。

2 透明幕墙、屋顶透明部分传热系数应按现行行业标准《建筑门窗玻璃幕墙热工计算规程》JGJ/T 151 规定的计算方法计算确定。

3 外窗、透明幕墙气密性按现场检测结果。

4.2.5 外窗、透明幕墙、屋顶透明部分遮阳系数应按下列方法确定：

1 外窗遮阳系数取玻璃遮阳系数与窗框系数的乘积。

2 外窗综合遮阳系数取外窗遮阳系数与外遮阳系数乘积；无外遮阳时，取外窗遮阳系数。

3 透明幕墙、屋顶透明部分遮阳系数应按现行行业标准《建筑门窗玻璃幕墙热工计算规程》JGJ/T 151 规定的计算方法计算确定。

4.2.6 外遮阳类型及外遮阳系数应按下列方法确定：

1 外遮阳类型及构造尺寸应依据设计资料或现场勘查结果确定。

2 外遮阳系数应按现行上海市工程建设规范《公共建筑节能设计标准》DGJ 08—107 附录 D 规定的计算方法计算确定。

4.2.7 屋面构造形式及传热系数应按下列方法确定：

1 屋面构造形式应依据设计资料或现场勘查结果确定。

2 屋面传热系数应按现行国家标准《民用建筑热工设计规范》GB 50176 的规定计算确定。

4.2.8 外墙构造形式及传热系数应按下列方法确定：

1 建筑结构类型应依据设计资料或现场勘查结果确定。

2 外墙、梁、柱、楼板等构造应依据竣工图或现场勘查结果确定。

3 外墙平均传热系数应按现行上海市工程建设规范《公共

建筑节能设计标准》DGJ 08—107 附录 A 规定的计算方法计算确定。

4.3 设计要求

4.3.1 外窗节能改造设计时，应符合下列要求：

1 既有公共建筑的外窗改造可采用整窗拆换、加窗等多种节能改造措施。

2 当在原单玻窗的基础上加装一层窗时，两层窗户的间距不宜小于 100 mm。

3 应优先选择塑料、断热铝合金、铝塑复合、木塑复合框料等窗框型材和有热反射功能的中空玻璃。

4 窗框与墙体之间的缝隙应采用发泡聚氨酯填充，并用密封膏嵌缝。

5 所选用外窗的气密性等级不应低于现行国家标准《建筑幕墙、门窗通用技术条件》GB/T 31433 中规定的 6 级。

6 对于整窗拆换的外窗传热系数不应高于 2.2 $W/(m^2 \cdot K)$。

7 外窗改造时应结合窗框渗漏水等情况，一并进行改造。

4.3.2 透明幕墙节能改造设计时，应符合下列要求：

1 宜增加透明幕墙中空玻璃的中空层数，或更换保温性能好的玻璃。

2 应优先采用低辐射中空玻璃，或在原有玻璃的表面贴膜或涂膜。

3 对单元式、明框式、半隐框式透明幕墙，更换幕墙外框时，应选择隔热效果好的型材。

4 在保证安全的前提下，可增加透明幕墙的可开启窗扇。

5 隔墙、楼板或梁柱与幕墙之间的间隙应填充不燃保温材料。

6 可减少透明幕墙可视部位的面积，并将不可视部位按外墙热工性能要求进行改造。

7 所选用透明幕墙的气密性不应低于现行国家标准《建筑幕墙、门窗通用技术条件》GB/T 31433 中规定的 3 级。

4.3.3 屋顶透明部分节能改造时，可设置天篷帘、卷帘，并选择手动或电动装置控制，也可在原有玻璃表面贴膜或涂膜。

4.3.4 遮阳节能改造设计时，应符合下列要求：

1 既有公共建筑遮阳装置的改造应符合现行行业标准《建筑遮阳工程技术规范》JGJ 237 的要求。

2 围护结构加装外遮阳时，应考虑加装外遮阳对原结构安全性的影响，并进行复核、验算。当结构安全不能满足相关要求时，应对其结构进行加固或采取其他遮阳措施。

3 遮阳装置应采用安全可靠的方法固定在主体结构上。

4 若采用活动外遮阳，其抗风性能应达到现行行业标准《建筑遮阳通用技术要求》JG/T 274 规定的 5 级及以上要求。

4.3.5 屋面节能改造可采用平屋面加保温系统和坡屋面加保温系统。屋面节能改造设计时，应符合下列要求：

1 屋面保温节能改造应进行结构承载安全性复核，宜采用表 4.3.5 中所列技术方案。

表 4.3.5 屋面保温节能改造方案及适用范围

<table>
<tr><th colspan="2">屋面保温节能改造方案</th><th>适用范围</th></tr>
<tr><td rowspan="2">平屋面增设保温和坡屋面增设保温</td><td>现浇泡沫混凝土屋面保温系统</td><td>基本完好、一般损坏或严重损坏的屋面</td></tr>
<tr><td>泡沫玻璃板、发泡水泥板、泡沫混凝土屋面保温系统、发泡陶瓷板、无机轻集料保温板</td><td>基本完好的屋面</td></tr>
</table>

2 泡沫玻璃板屋面保温系统可采用正置式或倒置式屋面，若采用倒置式屋面，应符合现行行业标准《倒置式屋面工程技术规程》JGJ 230 的要求；现浇泡沫混凝土、发泡水泥板、无机轻集料保温板屋面保温系统必须采用正置式屋面。

3 现浇泡沫混凝土屋面保温系统应符合下列要求：

1）对完好或基本完好的屋面可保留原屋面保温层，直接进行现浇泡沫混凝土屋面保温系统设计；对损坏或严重损坏的屋面，必须铲除损坏部位，再设计现浇泡沫混凝土屋面保温系统。

2）平屋面找坡层坡度不应小于 2%；天沟、檐沟纵向找坡，坡度不应小于 1%，沟底水落差不得超过 150 mm。

4 无机轻集料保温板平屋面保温宜设置透气孔和排气槽。

5 屋面节能改造工程中防水做法应符合下列要求：

1）当原保温层不符合节能要求时，应清除原有保温层、防水层，重新铺设保温及防水构造。

2）当原保温层符合节能要求且完好，防水层破损时，应重新翻修防水层。

3）倒置式屋面中，当保温层破损、防水层完好且通过蓄水试验时，可采用在原防水层上直接铺设保温层的做法，保温材料应选用憎水型。

6 既有公共建筑屋面节能改造时，可根据屋面结构条件和设计要求，将平屋面改造为绿化屋面，并进行屋面结构安全性复核，且应符合现行行业标准《种植屋面工程技术规程》JGJ 155 的有关要求。

7 改造后屋面的传热系数应符合现行上海市工程建设规范《公共建筑节能设计标准》DGJ 08—107 的相关规定。

4.3.6 外墙及非透明幕墙节能改造设计时，应符合下列要求：

1 外墙节能改造设计宜采用表 4.3.6-1 中所列技术方案。

表 4.3.6-1 外墙节能改造方案及适用范围

外墙节能改造方案	适用范围
涂刷建筑反射隔热涂料	适用于涂料、面砖等不同饰面的既有公共建筑外立面修缮工程，可替代普通涂料

续表4.3.6-1

外墙节能改造方案		适用范围
涂刷气凝胶绝热涂料系统		适用于涂料、面砖等不同饰面的既有公共建筑外立面修缮工程，可替代普通涂料
外墙外保温系统	A级保温装饰复合板	不高于80 m的公共建筑外墙外侧，且单块面积不超过1 m^2，单位面积质量不大于20 kg/m^2
外墙内保温系统	B_1级保温材料	宜结合室内装修工程进行

2 外墙采用外保温改造方案时，应检查原墙体墙面的性能，基墙墙面性能指标应符合表4.3.6-2的要求。

表4.3.6-2 基墙墙面性能指标要求

基墙墙面性能指标	要求
外表面的风化程度	无风化、酥松、开裂、脱落等
外表面的平整度偏差	±4 mm以内
外表面的污染度	无积灰、泥土、油污、霉斑等附着物，钢筋无锈蚀
外表面的裂缝	无结构性和非结构性裂缝
饰面砖的粘结强度	≥0.4 MPa

3 外墙采用外保温技术进行节能改造时，应符合下列要求：

1）外墙外保温工程应做好密封和防水构造设计。

2）外墙外保温系统与基层应有可靠的结合，保温系统与墙身的拉伸粘结强度不应小于0.10 MPa。

3）外墙外保温系统应包覆门窗框外侧洞口、女儿墙、封闭阳台以及出挑构件等热桥部位。

4）外墙外表面宜采用浅色饰面材料或热反射涂料。采用热反射涂料时，其等效热阻值应符合现行行业标准《建筑反射隔热涂料应用技术规程》JGJ/T 359的要求。

5）采用气凝胶绝热涂料体系进行节能设计时，其等效热阻由围护结构外表面换热阻、太阳光反射比的等效热阻以及中涂漆的热阻三部分组成，其中气凝胶绝热涂料体系太阳光反射比的等效热阻应按现行行业标准《建筑反射隔热涂料应用技术规程》JGJ/T 359 的规定取值。

4 外墙采用内保温技术进行节能改造时，应符合下列要求：

1）外墙热桥部位内表面温度不应低于室内空气在设计温度、湿度条件下的露点温度。

2）内保温墙体内部易出现冷凝时，应进行冷凝受潮验算。

3）内保温工程应在墙体易裂部位及屋面板、楼板交接部位采取抗裂构造措施。

4）在内保温墙体上安装设备、管道或悬挂重物时，其支承的埋件应固定于基层墙体上，并应做密封或局部防水增强处理。

5）外墙内保温系统的设计宜符合现行行业标准《外墙内保温工程技术规程》JGJ/T 261 的相关规定。

5 非透明幕墙节能改造设计时，应符合下列要求：

1）幕墙支承结构的抗震和抗风压性能应符合现行行业标准《金属与石材幕墙工程技术规范》JGJ 133 和现行上海市工程建设规范《建筑幕墙工程技术标准》DG/TJ 08—56 的相关规定。

2）非透明幕墙的构造缝、沉降缝以及幕墙周边与墙体接缝处等热桥部位，应进行保温处理。

3）当非透明幕墙节能改造采用石材幕墙、人造板材幕墙或金属板幕墙时，应满足现行国家标准《建筑幕墙》GB/T 21086 和现行行业标准《金属与石材幕墙工程技术规范》JGJ 133 的要求。

6 改造后外墙及非透明幕墙的传热系数不应高于 1.0 W/(m^2·K)。

4.4 材料要求

4.4.1 外窗、透明幕墙及屋顶透明部分材料使用应符合下列要求：

1 外窗节能改造中使用的各种材料应符合下列要求：

1) 中空玻璃应符合现行国家标准《中空玻璃》GB/T 11944 的要求，其中间隔条外侧应放置干燥剂，选用的干燥剂应符合相关产品标准的要求。

2) 中空隔条采用塑料或铝合金（多孔）的，其尺寸应符合相关标准的规定。

3) 聚氯乙烯异型材应选用耐候级未增塑聚氯乙烯门窗用料，并应符合现行国家标准《门、窗用未增塑聚氯乙烯（PVC-U）型材》GB/T 8814 的规定。

2 当使用玻璃贴膜或涂膜进行外窗或透明幕墙节能改造时，玻璃贴膜或涂膜涉及的材料应符合下列要求：

1) 建筑阳光控制膜的厚度不应小于 0.06 mm，并应确保玻璃意外碎裂时仍保持原位。

2) 建筑阳光控制膜的耐划伤程度可采用超精细级不锈钢丝绒擦拭，表面应无划伤现象。

3) 改造后幕墙玻璃的可见光反射率应不大于 15%，并不大于原设计可见光反射率。

4) 建筑阳光控制膜的力学性能应符合表 4.4.1 的规定。

表 4.4.1 建筑阳光控制膜的力学性能

物理性能	指标
拉伸强度（N/25 mm 宽）	≥400
伸长率（%）	≥60
粘贴强度（N/25 mm 宽）	≥16

3 透明幕墙的节能改造，应符合下列要求：

1）当幕墙加装中空玻璃或更换幕墙外框型材时，其热工性能应满足现行上海市工程建设规范《公共建筑节能设计标准》DGJ 08—107 的相关要求，并进行安全性验证。

2）当幕墙进行玻璃贴膜时，其性能应满足本标准第 4.4.1 条第 2 款的要求。

3）对于经判定需要拆除重建的透明幕墙，所选用的材料应符合现行国家产品标准和设计要求。

4 屋顶透明部分所用的材料应满足现行行业标准《建筑玻璃采光顶技术要求》JG/T 231 的相关规定。

4.4.2 遮阳材料使用应符合下列要求：

1 遮阳装置应符合现行防火规范要求。

2 活动遮阳装置应做到控制灵活、操作方便、便于维修。

4.4.3 外墙、非透明幕墙及屋面材料使用应符合下列要求：

1 所采用的防水、保温隔热材料应有产品合格证书和性能检测报告，材料的品种、规格、性能等应符合现行国家产品标准和设计要求。

2 非透明幕墙改造所用材料应符合现行国家标准《建筑幕墙》GB/T 21086 和现行行业标准《金属与石材幕墙工程技术规范》JGJ 133 的要求。

3 外墙节能改造所采用界面砂浆的主要性能指标应符合表 4.4.3 的要求。

表 4.4.3 界面砂浆的性能要求

项目		性能指标
拉伸粘结强度（MPa）	原强度	≥0.7
	耐水	≥0.5
	耐冻融	≥0.5

4 所采用塑料锚栓的金属螺钉应由不锈钢或经过表面防腐

蚀处理的金属制成，塑料钉和带圆盘的塑料膨胀管应由聚酰胺、聚乙烯或聚丙烯制成，不得使用回收的再生材料。锚栓的有效锚固深度不应小于 25 mm，塑料圆盘直径不应小于 50 mm，单个锚栓抗拉载力标准值不应小于 0.60 kN。

5 屋面保温及防水材料应符合现行国家标准《屋面工程技术规范》GB 50345 和现行行业标准《倒置式屋面工程技术规程》JGJ 230 的有关要求，且保温材料的燃烧性能不应低于 A 级。

6 外墙保温材料及其配套材料的性能应符合国家、行业和本市现行相关标准的规定。外墙外保温材料的燃烧性能不应低于 A 级，外墙内保温材料的燃烧性能应满足各类公共建筑房间、场所或部位的相应防火要求，且不应低于 B_1 级。

7 反射隔热涂料应符合现行上海市工程建设规范《建筑反射隔热涂料应用技术规程》DG/TJ 08—2200 中的材料性能要求。

4.5 施工要求

4.5.1 外窗、透明幕墙及屋顶透明部分节能改造施工应符合下列要求：

1 单玻钢窗节能改造时，旧钢窗窗扇拆下后应做好标记，翻新后安装在原位。

2 铝合金平移推拉窗由单玻改成中空双玻后，应增加滚动支点，毛条改成三元乙丙密封条。

3 塑钢单玻窗节能改造时，安装中空玻璃前，必须将嵌条换成双玻嵌条。

4 整窗改造应符合以下要求：

1）整窗改造时宜采用单面填充法，以减少对室内装饰的破坏。

2）整窗改造时，应在窗户关闭状态下测量窗洞口的尺寸以及窗框与墙身、窗框与窗扇、窗扇与窗扇之间缝隙宽度，在缝隙部位应设置密封条，密封条性能应满足现行行业标准《建筑门窗复合密封条》JG/T 386 的要求。

3） 对基层进行抗渗封闭后，填充现场发泡材料，并用弹性聚合物砂浆封闭。

5 加窗改造的新窗不宜安装在悬挑窗台的悬挑部位处。

6 既有公共建筑的玻璃上覆贴建筑阳光控制膜或涂膜时，应将窗帘、百叶帘等物件移去，方便施工。

7 透明幕墙节能改造施工应符合下列要求：

1） 玻璃幕墙表面应平整、干净、无渗漏。

2） 玻璃与玻璃、玻璃与玻璃肋之间的缝隙，应采用密封材料填嵌严密。

3） 玻璃幕墙结构胶和密封胶应打注饱满、密实。

8 屋顶透明部分的玻璃制作、玻璃部件的组装、支承结构和玻璃梁结构的安装，应满足现行行业标准《建筑玻璃采光顶》JG/T 231 的相关规定。

4.5.2 遮阳节能改造施工应符合下列要求：

1 遮阳设施的安装应牢固、安全，并满足设计和使用要求。

2 现场组装的遮阳装置应按照产品的组装、安装工艺流程进行组装。

4.5.3 屋面节能改造施工应符合下列要求：

1 屋面的节能改造施工应符合现行国家标准《屋面工程技术规范》GB 50345 的相关规定。

2 实施屋面保温改造，施工前应进行下列处理：

1） 应对原屋面基层进行修补、清理。

2） 屋面上的设备、管道等应提前安装完毕，并应预留出外保温层的厚度。

3） 防护设施应安装到位。

4） 倒置式屋面中的原防水层，应进行渗漏及蓄水试验检测。如产生渗漏，应确保渗漏处理完成后再进行保温层施工。

4.5.4 外墙及非透明幕墙节能改造施工应符合下列要求：

1 围护结构节能改造施工前应编制施工组织设计文件，采用保温技术对外墙进行节能改造时，施工应符合现行行业标准《外墙外保温工程技术标准》JGJ 144、《外墙内保温工程技术规程》JGJ/T 261的有关规定。

2 外墙节能改造工程的施工条件应符合下列要求：

1）操作地点环境温度和基层墙体表面温度均不应低于5℃，且不高于35℃，风力不应大于5级，避免雨天施工。

2）冬季施工时，应采取适当的防风措施；夏季施工时，应避免阳光直射；必要时应在脚手架上搭设防晒布。

3）铲除损坏的基面时，脚手架上必须做好防护措施，建筑材料不能垂直掉落。

4）管道、设备等的安装及调试宜在节能改造工程施工前完成；必须同步进行时，应在饰面层施工前完成。节能改造工程不应影响管道、设备等的使用和维修。

3 采用外保温技术，施工前应进行下列处理：

1）外墙面上的雨水管卡、预埋铁件、设备穿墙管道、空调机架、搁板和防护栅栏等应提前改装完毕，并预留出外保温层的厚度。墙外侧管道、线路应拆除改装。

2）对原围护结构裂缝、渗漏进行修复，墙面的缺损、孔洞应填补密实，损坏的砖或砌块应进行更换。

3）在对墙面状况进行查勘的基础上，应对原墙面上由于拆除、冻害、析盐或侵蚀所产生的损害予以修复。

4）对现有基层可能存在与聚合物水泥砂浆粘结能力相对较差的清水砖或清水混凝土、水砂石等其他各类饰面，应对基层空鼓和浮灰进行清理后，使用配套的界面剂进行相应的处理后进行后续施工。

5）原饰面层的粘结强度达到0.40 MPa时可不清除原饰

面层;原饰面层用界面剂处理后粘结保温层,并辅以机械锚固,锚固应深入基层墙体中。

6）原墙体表面与基底结合不牢固以及污染严重的面层,尤其是空鼓开裂的砂浆面层应彻底清除干净。局部清理后,表面不平整处应用适宜强度的水泥砂浆找平。

4 外墙采用内保温技术,施工前应对外墙内表面进行下列处理:

1）对内表面涂层、积灰油污及杂物、粉刷空鼓应刮掉并清理干净。

2）对内表面脱落、虫蛀、霉烂、受潮所产生的损坏进行修复。

3）对裂缝、渗漏进行修复,墙面的缺损、孔洞应填补密实。

4）对原不平整的表面加以修复。

5）室内各类主要管线安装完成并经试验检测合格。

5 外墙及非透明幕墙保温系统的安装应牢固、不松脱。

6 外墙采用反射隔热涂料的,涂刷前基层应保持干燥,且含水率不得大于10%。

7 金属与石材幕墙相关的施工准备、安装施工、施工安全以及幕墙的保护和清洗均应符合现行行业标准《金属与石材幕墙工程技术规范》JGJ 133 的相关规定。

4.6 验收要求

4.6.1 公共建筑围护结构节能改造验收应符合现行上海市工程建设规范《建筑节能工程施工质量验收规程》DGJ 08—113 的相关规定。

4.6.2 公共建筑屋面节能改造验收应符合现行国家标准《屋面工程质量验收规范》GB 50207 的相关规定。

4.6.3 围护结构保温改造工程施工质量验收应在提交下列文件

和记录后进行，并且主要内容应符合下列要求：

1 围护结构节能改造方案、设计图纸、设计说明、计算复核资料等应完整齐全。

2 保温材料厚度、导热系数、密度等应符合设计要求，并提交相应的产品合格证、性能检验报告和进场验收记录、复验报告；其他材料的品种、规格、质量应符合设计要求和相关标准的规定。

3 施工质量应符合设计要求，并提交相应的施工记录、各分项工程施工质量验收记录。

4 隐蔽工程验收记录应完整，且符合设计要求。

5 提供建筑围护结构节能构造现场实体检验报告。

6 提供外窗气密性现场检测报告。

5 供暖、通风和空调及生活热水供应系统节能改造

5.1 一般规定

5.1.1 公共建筑供暖、通风和空调及生活热水供应系统的节能改造宜结合房屋维修、设备更新和建筑物的功能升级进行。

5.1.2 在确定公共建筑供暖、通风和空调及生活热水供应系统的节能改造方案时，应充分考虑改造施工过程对未改造区域使用功能的影响。

5.1.3 在对公共建筑的冷热源系统、输配系统、末端系统进行改造时，应对改造后的建筑冷、热负荷进行重新校核，各系统的配置应互相匹配。

5.1.4 大型公共建筑供暖、通风和空调及生活热水供应系统节能改造应设置用能分项计量装置。

5.1.5 公共建筑节能改造后，供暖、通风和空调系统应具备室温调控功能。

5.1.6 公共建筑的冷热源改造为地源热泵系统之前，应对建筑物所在地的工程场地及浅层地热能资源状况进行勘察。

5.1.7 在确定公共建筑生活热水供应系统的节能改造方案时，应优先考虑采用太阳能生活热水供应系统的方案。若无条件时，应优先考虑空气源热泵热水机组。

5.1.8 在公共建筑上增设或改造太阳能热水系统时，必须进行建筑结构安全复核，并满足其他相关的安全要求。

5.1.9 建筑物上安装的太阳能热水系统不得降低相邻建筑物的日照标准，并避免产生太阳光反射的不良影响。

5.2 节能诊断

5.2.1 供暖、通风和空调及生活热水供应系统节能诊断应按下列步骤进行：

1 通过查阅竣工图和现场调查，了解供暖、通风和空调及生活热水供应系统的冷热源形式、系统划分形式、设备配置及系统调节控制方法等信息。

2 查阅运行记录，了解供暖、通风和空调及生活热水供应系统运行状况及运行控制策略等信息，并对系统的全年能耗情况进行调研和分析。

3 对确定的节能诊断项目进行现场检测。

4 依据现场检测和本章第5.3节的规定，确定供暖、通风和空调及生活热水供应系统的节能环节和节能潜力，编写节能诊断报告。

5.2.2 供暖、通风和空调及生活热水供应系统现场检测时，应根据系统设置情况，对供冷(热)量、功率、燃料消耗等参数进行检测。

5.3 节能改造判定原则与方法

5.3.1 当公共建筑的冷源或热源设备满足下列条件之一时，宜进行相应的节能改造或设备更换：

1 不能满足现有使用要求或设备运行效率过低。

2 累计运行时间接近或超过其正常使用年限。

3 所使用的燃料或工质不满足环保要求。

5.3.2 当公共建筑采用燃轻柴油、燃气锅炉作为热源，其运行效率低于现行国家标准《工业锅炉能效限定值及能效等级》GB 24500中的能效限定值，且锅炉改造或更换的静态投资回收期小于或等于8年时，宜进行相应的改造或更换。

5.3.3 当冷水机组或热泵机组实际性能系数(COP)低于现行国

家标准《冷水机组能效限定值及能效等级》GB 19577 的能效限定值，且机组改造或更换的静态投资回收期小于或等于 8 年时，宜进行相应的改造或更换。

5.3.4 在规定工况情况下，当房间空调器的性能系数低于现行国家标准《房间空气调节器能效限定值及能效等级》GB 21455 的能效限定值，且机组改造或更换的静态投资回收期小于或等于 5 年时，宜进行相应的改造或更换。

5.3.5 对于名义制冷量大于 7 000 W、采用电机驱动压缩机的单元式空气调节机，在名义制冷工况和规定条件下，当其能效比低于现行国家标准《单元式空气调节机能效限定值及能效等级》GB 19576 规定的能效限定值，且机组改造或更换的静态投资回收期小于或等于 5 年时，宜进行相应的改造或更换。

5.3.6 对于采用电机驱动压缩机的风管送风式空调（热泵）机组，在规定工况条件下，当其性能系数小于现行国家标准《风管送风式空调机组能效限定值及能效等级》GB 37479 中的能效限定值，且机组改造或更换的静态投资回收期小于或等于 5 年时，宜进行相应的改造或更换。

5.3.7 当溴化锂吸收式冷水机组实际性能系数（COP）不符合表 5.3.7 的规定，且机组改造或更换的静态投资回收期小于或等于 8 年时，宜进行相应的改造或更换。

表 5.3.7 溴化锂吸收式冷水机组性能系数

机型	运行工况			性能参数		
	冷（温）水进出口温度（℃）	冷却水进出口温度（℃）	蒸汽压力（MPa）	单位制冷量蒸汽耗量[kg/（kW·h）]	性能系数（W/W）	
					制冷	制热
蒸汽双效	12/7	30/35	0.4	≤1.40	—	—
			0.6	≤1.31	—	—
			0.8	≤1.28	—	—
直燃	供冷 12/7	30/35	—	—	≥1.10	—
	供热出口 60	—	—	—	—	≥0.90

5.3.8 除下列情况外，对于采用电热锅炉、电热水器作为直接供暖和空调系统的热源，且该热源改造或更换的静态投资回收期小于或等于10年时，应改造为其他热源方式：

1 以供冷为主，供暖负荷小且无法利用热泵提供热源的建筑。

2 无集中供热与燃气、燃油等燃料的使用受到环保或消防严格限制或燃料无条件供应的建筑。

3 夜间可利用低谷电进行蓄热，且不在昼间用电高峰时段启用蓄热式电锅炉的建筑。

4 利用可再生能源发电，且其发电量能满足直接电热用量需求的建筑。

5.3.9 当公共建筑冷源综合制冷性能系数(SCOP)低于表5.3.9的规定，且冷源系统节能改造的静态投资回收期小于或等于5年时，宜对冷源系统进行相应的改造。

表5.3.9 冷源综合制冷性能系数

类型		单台额定制冷量(kW)	冷源综合制冷性能系数(W/W)
水冷	涡旋式	<528	3.06
	螺杆式	<528	3.24
		528～1 163	3.69
		>1 163	3.96
	离心式	<1 163	3.69
		1 163～2 110	3.96
		>2 110	4.14

5.3.10 经技术分析论证，供暖空调系统循环水泵由于水泵选型偏大或水泵效率下降造成的实际水量超过原设计值的20%或在规定的工作点运行时的实际效率低于铭牌值的80%时，应对水泵进行相应的调节或改造。

5.3.11 采用二级泵的空调冷水系统，当二级泵未采用变速变流量调节方式时，宜对二级泵进行变速变流量调节方式的改造。

5.3.12 当设有新风的空调系统的新风量不满足现行上海市工程建设规范《公共建筑节能设计标准》DGJ 08—107 的规定时，宜对原有新风系统进行改造。

5.3.13 当空调系统冷水管存在结露情况或绝热层严重损坏时，应进行相应的绝热修补并检查隔汽层的完整性；当空调系统热水管道及空调风管道遇到绝热层严重损坏时，应进行相应的绝热修补并检查隔汽层的完整性。

5.3.14 当冷却塔存在以下问题之一时，宜进行相应的清洗、改造或更换：

1 冷却塔的冷却能力无法满足主机正常运行。

2 冷却塔的实际冷却效率低于铭牌值的 80%。

3 冷却塔塔内布水器、填料等严重老化。

5.3.15 对于采用区域性冷源或热源的公共建筑，当冷源或热源入口处没有设置冷量或热量计量装置时，宜进行相应的改造。

5.3.16 公共建筑的供暖、通风和空调及生活热水供应系统经节能改造后，系统的能耗可降低 20%以上且静态投资回收期小于或等于 5 年时，或者静态投资回收期小于或等于 3 年时，宜进行节能改造。

5.4 设计要求

5.4.1 冷热源系统设计应符合下列要求：

1 冷热源系统节能改造时，应根据节能诊断评估结果，对予以保留的现有设备，应充分挖掘其节能潜力。

2 冷热源系统改造应根据系统原有的运行记录，进行整个供冷、供暖季负荷的计算和分析，保证改造后的设备容量和配置满足使用要求，且冷热源系统在不同负荷变化时，能保持高效运行。

3 冷热源进行更新改造时，应在原有供暖、通风和空调及生活热水供应系统的基础上，根据改造后建筑的规模、使用特征，结合建筑机房、管道井、能源供应等条件综合确定冷热源的改造方案。

4 冷热源更新改造后，系统供回水温度应能基本满足原有管道和空调末端系统的配置要求。

5 冷水机组或热泵机组的容量与系统负荷不匹配时，在确保系统安全性及经济性的情况下，宜在原有冷水机组或热泵机组上，增设变频装置，以提高机组的实际运行效率。

6 当更换冷热源设备时，更换后的设备性能应符合本标准第5.5节的相关规定。

7 对于冬季或过渡季存在供冷需求的建筑，在保证安全运行的条件下，宜采用冷却塔供冷或其他利用自然冷源的方法。

8 当更换生活热水供应系统的锅炉及加热设备时，更换后的设备应具有根据设定供水温度自动调节的功能。

9 燃气锅炉和燃油锅炉排烟温度过高时，宜增设烟气热回收装置。

10 冷热源改造为地源热泵系统时，宜保留原有系统中与地源热泵系统相适合的设备和装置，构成复合能源系统。

11 在既有公共建筑中增设或改造太阳能热水系统时，太阳能热水系统的型式应根据建筑物类型、使用功能、热水供应方式、安装条件等因素，经技术经济综合比较后确定。

5.4.2 输配系统设计应符合下列要求：

1 原有输配系统的水泵、风机重新更换时，风机的单位风量耗功率(W_S)、空调冷热水系统循环水泵的耗电输冷(热)比[$EC(H)R$]，应符合现行上海市工程建设规范《公共建筑节能设计标准》DGJ 08—107的相关规定。

2 对于全空气空调系统，当各空调区域的冷、热负荷差异和变化大、低负荷运行时间长，经技术论证可行时，宜通过增设风机变速控制装置等措施加以解决。

3 当原有输配系统的水泵规格过大，经技术论证可行时，宜采取水泵变频控制装置或更换水泵。

4 对于冷热负荷随季节或使用情况变化较大的定流量水系统，在确保系统运行安全可靠的前提下，经技术论证可行，可通过增设变速控制装置等措施加以解决。

5 对于系统较大、阻力较高、各环路负荷特性或压力损失相差较大的一级泵系统，在确保具有较大的节能潜力和经济性的前提下，可将其改造为二级泵系统，二级泵应采用变流量的控制方式。

6 空调冷热管道的绝热材料与厚度，应按现行国家标准《设备及管道绝热设计导则》GB/T 8175 中的经济厚度和防表面结露厚度的方法计算，建筑物内空调水管的绝热厚度可按现行上海市工程建设规范《公共建筑节能设计标准》DGJ 08—107 附录 F 选用。

7 公共建筑的冷热源改造为地源热泵系统时，应符合下列规定：

1）地源热泵系统的空调供回水温度，应能保证改造后与保留的原有输配系统和空调末端系统匹配。

2）当地源热泵系统地埋管换热器的出水温度、地下水或地表水的温度满足末端进水需求时，应设置能直接提供空调末端设备使用的管路。

8 在既有公共建筑中增设或改造太阳能热水系统，管道应布置合理，不影响建筑物使用功能和外观。

5.4.3 末端系统设计应符合下列要求：

1 对于全空气空调系统，有条件时宜按实现全新风和可调新风比的运行方式进行设计。新风量的控制和工况转换，宜采用新风和回风的焓值控制方法。

2 人员密度相对较大且人员数量变化较大的区域，宜采用新风需求控制。

3 过渡季节或供暖季节局部房间需要供冷时，宜优先采用直接利用室外空气进行降温的方式。

4 当进行新、排风系统的改造时，应对可回收能量进行分析，合理设置排风热回收装置。排风热回收装置应满足下列要求：

1) 排风量与新风量比值(R)宜在 0.75～1.33 以内。

2) 排风热回收装置的交换效率(在标准规定的装置性能测试工况下，$R=1$)应符合表 5.4.3 的规定。

表 5.4.3 排风热回收装置的交换效率

类型	交换效率(%)	
	制冷	制热
焓效率	>50	>55
温度效率	>60	>65

5 对于餐厅、食堂和会议室等高负荷区域空调通风系统的改造，应根据区域的使用特点，选择合适的系统形式和运行方式。

6 对于由于设计不合理，或者使用功能改变而造成的原有系统分区不合理的情况，在进行改造设计时，应根据目前的实际使用情况，对空调系统重新进行分区设置。

5.5 设备要求

5.5.1 新增或更换供暖、通风和空调系统冷热源设备，其相关技术指标应满足现行国家相关用能设备的节能评价值要求。

5.5.2 当对供暖、通风和空调系统的风机或水泵进行更新时，更换后的风机不应低于现行国家标准《通风机能效限定值及能效等级》GB 19761 中能效等级 2 级；更换后的水泵不应低于现行国家标准《清水离心泵能效限定值及节能评价值》GB 19762 中的节能评价值。

5.6 施工要求

5.6.1 供暖、通风和空调及生活热水系统节能改造工程使用的材料、设备进场验收合格后,方可使用。

5.6.2 冷热源系统施工应符合下列要求:

1 制冷设备、制冷系统管道、管件和阀门的安装应符合现行国家标准《通风与空调工程施工质量验收规范》GB 50243 的相关规定。

2 锅炉设备基础的混凝土强度必须达到设计要求,基础的坐标、标高、几何尺寸和螺栓孔位置应符合现行国家标准《建筑给水排水及采暖工程施工质量验收规范》GB 50242 的相关规定。

3 更换冷却塔,其安装应符合下列规定:

1) 冷却塔地脚螺栓与预埋件的连接或固定应牢固,各连接部件应采用热镀锌或不锈钢螺栓,其紧固力应一致、均匀。

2) 冷却塔集水盘安装应较准水平,且同一冷却水系统中冷却塔集水盘水位高度应一致。

3) 冷却塔的出水口及喷嘴的方向和位置应正确,积水盘应严密无渗漏;布水器应布水均匀。

4 更换冷却塔填料时填料块与块之间应挤紧,不得有松动。

5 既有公共建筑屋面增设太阳能热水系统时,应对建筑屋面防水层及建筑物附属设施实施保护;如造成损坏,应在安装后及时修复。

5.6.3 输配系统施工应符合下列要求:

1 水泵、风机加装变频器时,应符合下列规定:

1) 变频器不应安装在易受灰尘、腐蚀或爆炸性气体、导电粉尘等污染的环境里。

2) 变频器设备安装时,柜体应牢固安装于基座上,应有可靠的接地措施。

3）安装过程中，应防止设备受到撞击和震动，柜体不得倒置，倾斜角度不得超过30°。

2 重新布置风管或水管时，风管、水管的安装应符合现行国家标准《通风与空调工程施工质量验收规范》GB 50243的有关规定。

3 更换风机或水泵时，风机、水泵的安装应符合现行国家标准《通风与空调工程施工质量验收规范》GB 50243的有关规定。

4 更换管道绝热层时，应符合下列规定：

1）拆除损坏的绝热层，对管道表面进行防腐处理。

2）绝热层粘贴应牢固，铺设应平整。

3）更换部分绝热层时，新增绝热层与原有绝热层拼接缝隙应用粘结材料勾缝填满。

4）保冷管道的隔汽层不应破损。

5.6.4 末端系统施工应符合下列要求：

1 风机盘管的安装应符合下列规定：

1）风机盘管机组应设独立支、吊架，安装的位置、高度及坡度应正确、固定应牢固。

2）机组与风管、回风箱或风口的连接，应严密、可靠。

2 组合式空调机组的安装应符合下列规定：

1）组合式空调机组各功能段之间的连接应紧密，整体应平直。

2）机组与供回水管的连接应正确。

3）机组内空气过滤器（网）和空气热交换器翅片应清洁、完好。

3 排风热回收装置的安装应符合下列规定：

1）排风热回收装置安装在室外时，应采取防雨措施。

2）排风热回收装置安装在墙壁或吊顶上时，应进行结构承重验算。

3）机组安装时，必须牢固可靠，所用型钢支架应有足够的强度，连接部位焊接牢固。

4）凝结水管须保持一定的坡度，并坡向排出方向。

5.7 验收要求

5.7.1 公共建筑供暖、通风和空调及生活热水供应系统的节能改造工程验收应符合现行国家标准《通风与空调工程施工质量验收规范》GB 50243、《建筑给水排水及采暖工程施工质量验收规范》GB 50242、《建筑节能工程施工质量验收标准》50411 和现行上海市工程建设规范《建筑节能工程施工质量验收规程》DGJ 08—113 的规定。

5.7.2 公共建筑采用地源热泵系统时，地源热泵系统的验收应符合现行国家标准《地源热泵系统工程技术规范》GB 50366 和现行上海市工程建设规范《地源热泵系统工程技术标准》DG/TJ 08—2119 的相关规定。

5.7.3 公共建筑增设或改造太阳能热水系统时，太阳能热水系统的验收应符合现行国家标准《民用建筑太阳能热水系统应用技术标准》GB 50364 和现行上海市工程建设规范《太阳能热水系统应用技术规程》DG/TJ 08—2004A 的相关规定。若应用空气源热泵辅助系统，还应符合现行国家标准《空气源热泵辅助的太阳能热水系统(储水箱容积大于 0.6 m^3)技术规范》GB/T 26973 的相关规定。

5.7.4 公共建筑节能改造采用空气源热泵热水系统时，空气源热泵热水系统的验收应符合现行国家标准《空气源单元式空调(热泵)热水机组》GB/T 29031 的相关规定。

5.7.5 供暖、通风和空调及生活热水供应系统施工质量验收应符合下列要求：

1 暖通、给排水系统节能改造方案、设计图纸、设计说明、计算复核资料等应完整齐全。

2 改造后的设备、材料、配件的质量应符合要求，并提交相应的产品合格证。

3 设备、配件的规格、数量应符合设计要求。

4 设备、材料、配件的技术性能应符合要求，并提交相应的性能检验报告和进场验收记录、复验报告。

5 施工质量应符合相关规范和设计要求，并提交相应的施工记录、各分项工程施工质量验收记录。

6 设备的安装应符合相关标准和设计要求。

7 隐蔽工程验收记录应完整，且符合设计要求。

8 提供设备单机及系统联合试运转和调试记录。

5.7.6 地源热泵系统改造完成后应进行调试验收，并与末端系统进行联合调试。

6 电力与照明系统节能改造

6.1 一般规定

6.1.1 电力与照明系统的改造不宜影响公共建筑的工作、生活环境，改造期间应有保障临时用电的技术措施。

6.1.2 电力与照明系统的改造设计宜结合系统主要设备的更新换代和建筑物的功能升级进行。

6.1.3 电力与照明系统的改造应在满足用电安全、功能的前提下，采用高效节能的产品和技术。

6.1.4 若更换新电梯系统，宜采用带能量回收装置的电梯，高层建筑电梯宜进行分层管理。

6.2 节能诊断

6.2.1 电力系统节能诊断应包括下列内容：

1 系统中仪表、电动机、电器、变压器等设备状况。

2 电力系统容量及系统接线形式。

3 无功补偿。

4 供用电电能质量。

6.2.2 对系统中仪表、电动机、电器、变压器等设备状况进行节能诊断时，应核查是否使用淘汰产品、各电器元件是否运行正常以及变压器负载率状况。

6.2.3 对系统容量及系统接线形式进行节能诊断时，应核查现有的用电设备功率及继电保护参数。

6.2.4 对系统用电分项计量进行节能诊断时，应核查常用供电主回路是否设置电能表对电能数据进行采集与保存，并应对分项计量电能回路用电量进行校核检验。

6.2.5 对无功补偿进行节能诊断时，应核查是否采用提高用电设备功率因数的措施以及无功补偿设备的调节方式是否符合电力系统的运行要求。

6.2.6 供用电电能质量节能诊断应采用电能质量监测仪在公共建筑物内出现或可能出现电能质量问题的部位进行测试。供用电电能质量节能诊断宜包括下列内容：

1 三相电压不平衡度。

2 功率因数。

3 各次谐波电压和电流及谐波电压和电流总畸变率。

4 线路压降指标。

6.2.7 照明系统节能诊断应包括下列项目：

1 灯具类型与灯具效率。

2 照度及照明功率密度。

3 照明控制方式。

4 照明系统节电率。

6.2.8 照明系统节能诊断应提供照明系统节电率。照明系统节电率按下式计算：

$$\eta = 1 - \frac{E_z' + A}{E_z} \times 100\% \tag{6.2.8}$$

式中： η——节电率（%）；

E_z, E_z'——改造前后照明耗电量（kWh）；

A——考虑改造前后照明变化情况、灯具数量偏差等因素造成的调整量（kWh）。

6.3 节能改造判定原则与方法

6.3.1 当电力系统不能满足更换的用电设备功率、配电电气参数要求或主要电器为淘汰产品时，应对配电柜（箱）和配电回路进行改造。

6.3.2 当变压器平均负载率长期低于20%且用电负荷在建筑物生命周期内不会发生变化时，宜对变压器进行改造。

6.3.3 当电力系统未根据配电回路合理设置用电分项计量或分项计量电能回路用电量校核不合格时，应进行改造。

6.3.4 当无功补偿不能满足用电要求时，应制定可行的改造方案并进行投资效益分析；当投资静态回收期小于5年时，宜进行改造。

6.3.5 当供用电电能质量不能满足要求时，应制定可行的改造方案并进行投资效益分析；当投资静态回收期小于5年时，宜进行改造。

6.3.6 当公共建筑未采用节能灯具或采用灯具的效率、照明功率密度等性能不符合国家现行标准及上海市现行工程建设规范的有关规定时，宜根据产品寿命进行相应的改造。

6.3.7 当公共建筑公共区域的照明未设置自动控制时，宜进行相应的改造。

6.3.8 对于未合理利用自然光的照明系统，宜进行相应改造。

6.4 设计要求

6.4.1 电力系统节能改造设计时，应符合下列要求：

1 当电力系统改造需要增减用电负荷时，应重新对配电容量、敷设电缆、配电线路保护和保护电器的选择性配合等参数进行核算。

2 电力系统改造的线路宜利用原有线路进行敷设。当现场条件不允许或原有线路不合理时，应按照系统合理、方便施工的原则重新敷设。

3 对变压器的改造应根据用电设备实际耗电容量总和，重新计算变压器容量。

4 未设置用电分项计量的系统应根据变压器、配电回路原设置情况，合理设置分项计量监测系统。分项计量电度表宜具有远传功能。

5 无功补偿宜采用自动补偿的方式运行，补偿后仍达不到要求时，宜更换补偿设备。

6 供配电电能质量改造应根据测试结果确定需进行改造的位置和方法。对于三相负载不平衡的回路，宜采用重新分配回路上用电设备的方法；功率因数的改善宜采用无功自动补偿的方式；谐波治理应根据谐波源的特点制定针对性方案；当线路压降指标超标时，宜采用合理方法减少压降。

7 采用太阳能光伏发电系统时，应根据上海地区的太阳辐照参数和建筑条件，确定太阳能光伏发电系统的总功率，并应依据所设计系统的电压电流要求，确定太阳能光伏电板的数量。

8 在公共建筑上增设或改造已安装的光伏发电系统，必须进行建筑物和电气系统的安全复核，符合建筑结构及电气系统的安全性要求。

9 建筑物上安装太阳能光伏系统，不得降低相邻建筑物的日照标准。

6.4.2 照明系统节能改造设计时，应符合下列要求：

1 照明配电系统改造设计时应按现行国家标准《建筑照明设计标准》GB 50034 的规定对原回路容量进行校核。

2 当公共区域照明采用就地控制方式时，应设置声控或延时等感应功能；当公共区照明采用集中监控系统时，宜根据照度自动控制照明。

3 照明配电系统改造设计宜满足节能控制的需要，其照明配电回路应配合节能控制的要求分区、分回路设置。

4 照明系统节能改造时，应选用高效节能光源，并配用电子镇流器或节能型电感镇流器。

5　更换灯具时，在满足眩光限制和配光要求条件下，应选用效率或效能高的灯具。

6　公共建筑节能改造时，应充分利用自然光来减少照明负荷。

6.5　设备要求

6.5.1　电动机的效率、安全性能、防爆性能以及噪声和振动要求应分别符合相关标准要求。

6.5.2　采用光伏发电系统时，应优先选择光反射较低的光伏组件。

6.5.3　照明系统节能改造时，所选用灯具应在满足照度值、统一眩光值、照度均匀度、显色指数等要求的前提下，采用各类节能灯具，如三基色电子镇流器荧光灯、无极荧光灯、LED 灯等节能灯具，严禁使用国家明令禁止或淘汰的灯具产品。

6.5.4　照明系统节能改造采用无极荧光灯时，其性能应满足现行国家标准《普通照明用自镇流无极荧光灯　性能要求》GB/T 21091 的相关要求。

6.5.5　照明系统节能改造采用 LED 灯时，其性能应满足现行国家标准《普通照明用非定向自镇流 LED 灯　性能要求》GB/T 24908 的相关要求。

6.5.6　当照明系统节能改造采用其他种类节能灯具时，其性能均应满足相应的标准要求。

6.6　施工要求

6.6.1　安装电工、焊工、起重吊装工和电气调试人员等，应按有关要求持证上岗。

6.6.2　除设计要求外，承力建筑钢结构构件上，不得采用熔焊连接固定电气线路、设备和器具的支架、螺栓等部件，且严禁热加工开孔。

6.6.3 额定电压交流1 kV及以下的应采用低压电器设备、器具和材料；额定电压大于交流1 kV、直流1.5 kV的应采用高压电器设备、器具和材料。

6.6.4 电气设备上计量仪表和电气保护有关的仪表应检定合格，当投入试运行时，应在有效期内。

6.6.5 建筑电气动力工程的空载试运行和建筑电气照明工程的负荷试运行，应按现行国家标准《建筑电气工程施工质量验收规范》GB 50303的要求执行；建筑电气动力工程的负荷试运行，应依据电气设备及相关建筑设备的种类、特性，编制试运行方案或作业指导书，并应经施工单位审查批准、监理单位确认后执行。

6.6.6 动力和照明工程的漏电保护装置应做模拟动作试验。

6.6.7 接地(PE)或接零(PEN)支线必须单独与接地(PE)或接零(PEN)干线相连接，不得串联连接。

6.6.8 高压的电气设备和布线系统继电保护系统的交接试验，必须符合现行国家标准《电气装置安装工程　电气设备交接试验标准》GB 50150的规定。

6.6.9 低压的电气设备和布线系统的交接试验，应符合现行国家标准《建筑电气工程施工质量验收规范》GB 50303的规定。

6.7 验收要求

6.7.1 公共建筑电力与照明系统的改造施工质量应符合现行国家标准《建筑电气工程施工质量验收规范》GB 50303和现行上海市工程建设规范《建筑节能工程施工质量验收规程》DGJ 08—113的要求。

6.7.2 公共建筑电力系统改造时采用太阳能光伏系统，其验收应符合现行行业标准《民用建筑太阳能光伏系统应用技术规范》

JGJ 203 和现行上海市工程建设规范《建筑太阳能光伏发电应用技术标准》DG/TJ 08—2004B 的相关规定。

6.7.3 电力与照明系统施工质量验收应在提交下列文件和记录后进行，并且主要内容应符合下列要求：

1 电力系统节能改造方案、设计文件、计算复核资料等应完整齐全。

2 改造后的设备、材料、配件的质量应符合要求，并提交相应的产品合格证。

3 设备、配件的规格、数量应符合设计要求。

4 设备、材料、配件的技术性能应符合要求，并提交相应的性能检验报告和进场验收记录、复验报告。

5 施工质量应符合设计要求，并提交相应的施工记录、各分项工程施工质量验收记录。

6 隐蔽工程验收记录应完整，且符合设计要求。

7 用能监测系统节能改造

7.1 一般规定

7.1.1 用能监测系统的改造应根据建筑物用途、用能类别、用能设备特点和管理要求进行。

7.1.2 大型公共建筑及国家机关办公建筑应设置建筑用能监测系统，实时采集水、电、外供热源、外供冷源和可再生能源等能耗数据，所采集的数据应联网报送至上级能耗监测平台。

7.1.3 用能监测系统采集的能耗信息应全面、准确，能客观反映建筑运营过程中各类能源的耗费。

7.1.4 用能监测系统改造需要与其他监控系统互联互通时，应采用标准、开放的通信接口。

7.1.5 既有建筑在进行用能监测系统设计时，不应改动供电部门计量表的二次接线，不应与计费电能表串接。

7.1.6 原先未安装用能监测系统的项目，新增用能监测系统的设计、施工和验收应符合现行上海市工程建设规范《公共建筑用能监测系统工程技术标准》DGJ 08—2068 的相关规定。

7.2 节能诊断

7.2.1 新增用能监测系统或对原有用能监测系统改造前应实地勘察建筑基本情况，包括建筑面积、建筑地址、建筑类型、配电系统结构、主要用能设备形式、管理需求等。

7.2.2 新增用能监测系统前应编制用能监测系统调研报告，且应包括下列内容：

1 现有用能监测系统的基本要求。

2 能耗分类、分项计量的对象。

3 用能计量的点位及安装位置。

4 用能监测系统的网络拓扑结构。

7.2.3 原有用能监测系统改造前应编制用能监测系统调研报告,且至少应包括下列内容:

1 原有用能监测系统的状况。

2 现有用能监测系统的基本要求。

3 能耗分类、分项计量的对象。

4 用能计量的点位及安装位置。

5 用能监测系统的网络拓扑结构。

7.3 节能改造判定原则与方法

7.3.1 应对现有用能监测系统配置的能耗计量表具及能耗数据采集器等主要设备的选型、安装、性能、监测数据的准确性及系统运行状态进行全面评估。

7.3.2 当现有用能监测系统存在以下问题时,应进行改造:

1 能耗计量表具及能耗数据采集器等主要设备无法正常工作。

2 用能监测系统无法正常运行。

3 分类、分项能耗数据采集无法满足节能管理要求。

4 数据上传不符合上级能耗监测平台数据联网的要求。

7.3.3 未设置用能监测系统的公共建筑,应根据建筑节能管理要求合理增设。

7.4 设计要求

7.4.1 用能监测系统改造时,电能计量点位设置应符合下列规定：

1 总计量表具应设置在配电变压器出线侧或低压供电用户的进户处。

2 空调、照明与插座、动力和特殊用电分项计量表具应设置在低压一级配电处。

3 采用高压供电冷水机组的，应在高压进线侧设置计量表具。

4 应根据管理要求在需要独立考核或收费的用电区域单独设置计量表具。

5 当无法直接安装计量表具时，应运用按适当比例拆分的原则，间接获取电耗数据。

7.4.2 用能监测系统改造时，市政用水计量点位设置应符合下列规定：

1 一级表安装率100%。

2 二级表安装率≥95%。

3 三级表的安装宜满足厨房餐厅、锅炉、公共浴室、洗衣房、游泳池、机动车清洗等重点用水部位的计量，并宜满足水平衡分析的要求。

7.4.3 采用区域性冷源和热源时，应在改造时在每栋单体建筑的冷源和热源入口处设置冷量和热量计量表具。

7.4.4 机关办公建筑应在改造时增加对分户或分区域计量。

7.4.5 能耗数据应通过能耗数据采集器实现采集、暂存以及直接向上级能耗监测平台的上传。

7.5 设备要求

7.5.1 新增或更换的多功能电表的选型应符合下列规定：

1 多功能电表精度等级应不低于1.0级。

2 电流互感器精度等级应不低于0.5级。

3　多功能电表应具有计量数据输出功能。

7.5.2　新增或更换的数字水表的选型应符合下列规定：

1　数字水表准确度等级应不低于2级。

2　数字水表应具有累计流量和计量数据输出功能。

3　数字水表及其接口管径应不影响原系统供水流速。

7.5.3　新增或更换的燃气表的选型应符合下列规定：

1　燃气表精度等级应不低于3级。

2　燃气表应根据使用燃气类别、安装条件、工作压力和用户要求等因素选择。

3　燃气表应具有累计流量功能和计量数据输出功能。

7.5.4　新增或更换的数字(冷)热量表选型与配置应符合下列规定：

1　数字(冷)热量表准确度等级应不低于3级。

2　数字(冷)热量表工作温度及压力应满足供热采暖空调水系统温度及压力条件。

3　数字(冷)热量表应具有监测和计量供水温度、回水温度、温差、瞬时流量、当前热功率、累计热量、累计流量及工作时间等参数的功能。

4　数字(冷)热量表应具有断电数据保护和自诊断功能，当电源停止供电时，热量表应能保存所有数据，恢复供电后，能够回复正常计量功能。

5　数字(冷)热量表应抗电磁干扰，当受到磁体干扰时，不影响其计量特性。

7.5.5　新增或更换的能耗采集器的性能和功能技术指标应符合现行上海市工程建设规范《公共建筑用能监测系统工程技术标准》DGJ 08—2068的相关规定。

7.6　施工要求

7.6.1　施工单位应熟悉强弱电施工工艺，具备相关领域项目经验，并有相关专业的技术人员和管理人员。

7.6.2 安装多功能电表进行用能监测系统改造时，应停电施工。

7.6.3 多功能电表的安装应符合下列规定：

1 经电流互感器接入的多功能电表电压测量回路应采用耐压不低于450 V/750 V的铜芯绝缘导线，且芯线截面不应小于1.5 mm^2；采集电压信号前端应加装1 A熔断器。

2 如利用已有电流互感器的，应在施工前对互感器出线进入计量装置的接线极性进行测试；如出现反接，应在系统施工时进行纠正。

3 电流互感器与电表的连接导线应采用截面不小于2.5 mm^2的铜质线缆，导线长度不宜超过15 m；电子式计量装置应安装牢固、垂直，表中心线倾斜不大于1°。

4 单独配置的计量表箱在室内挂墙安装时，安装高度宜为0.8 m～1.8 m。

5 在原配电柜（箱）中加装时，计量装置下端应设置标示回路名称的编号。

7.6.4 数字水表的安装应符合下列规定：

1 水表安装应避免管道与表具之间产生附加应力，必要时设置支架或基座。

2 水表安装位置及方式应符合设计规定与产品安装要求，且便于拆卸更换。

3 水表安装后应不影响供水系统正常运行和供水流量，并杜绝渗漏。

7.6.5 温度传感器的安装应符合下列规定：

1 传感器设置位置应符合设计要求，应能反映被测介质的平均温度。

2 传感器安装位置和方式应便于检查和维修。

7.7 验收要求

7.7.1 施工单位根据设计要求对用能监测系统已实现进行分类、分项或分户计量，并已将用能监测数据稳定上传至上级能耗监测平台 2 周以上后，施工单位可申请验收。

7.7.2 用能监测系统的验收应符合现行上海市工程建设规范《公共建筑用能监测系统工程技术标准》DGJ 08—2068 的要求。

7.7.3 用能监测系统工程验收文件应包括以下内容：

1 系统设计说明、设计图纸等设计文件。

2 系统主要材料、设备、仪表的质量证明文件。

3 隐蔽工程验收记录和相关图像资料。

4 系统设备安装质量检查记录。

5 系统试运行记录。

6 施工单位数据准确性自检报告。

7 系统操作和设备维护说明书。

8 工程竣工图纸及方案。

8　节能改造后评估

8.0.1　既有公共建筑节能改造工程竣工验收并运行1年后，宜及时进行节能改造后评估。

8.0.2　既有公共建筑节能改造后评估范围主要针对具有常规功能的围护结构、用能设备及系统、照明、节水器具等的改造。

8.0.3　既有公共建筑节能改造后评估的方法主要是资料审查、现场检查、性能检测以及分析计算。

8.0.4　既有公共建筑节能改造后评估应对项目边界内建筑或相关用能设备（系统）运行情况进行检查，并对节能效果进行核定。

8.0.5　既有公共建筑节能改造后评估应对建筑物的室内环境进行检测和评估，判断室内环境指标是否达到改造设计要求。

8.0.6　对于实施单项节能改造的项目，后评估内容宜包括改造部位或改造措施的评估，判定改造部位或改造措施是否符合设计要求；宜对改造后建筑能耗、节能率进行评估。

8.0.7　对于实施综合节能改造的项目，后评估内容宜包括改造后建筑综合能耗、节能率等，判定改造后建筑综合能耗、节能率是否达到既定的节能目标。

8.0.8　对于未达到既定节能目标的项目，应复核改造前后能耗数据、检测数据等，并提出建筑或设备运行的改进措施。

8.0.9　既有公共建筑节能改造后评估时，当对施工现场见证取样报告存在异议时，应进行现场抽样检测，且以现场抽样检测为准。

本标准用词说明

1 为便于执行本标准条文时区别对待，对于要求严格程度不同的用词说明如下：

1）表示很严格，非这样做不可的用词：
正面词采用“必须”；
反面词采用“严禁”。

2）表示严格，在正常情况下均应这样做的用词：
正面词采用“应”；
反面词采用“不应”或“不得”。

3）表示允许稍有选择，在条件许可时首先应这样做的用词：
正面词采用“宜”；
反面词采用“不宜”。

4）表示有选择，在一定条件下可以这样做的用词，采用“可”。

2 条文中指明应按其他有关标准执行的写法为“应符合……的规定”或“应按……执行”。

引用标准名录

1 《设备及管道绝热设计导则》GB/T 8175
2 《门、窗用未增塑聚氯乙烯(PVC-U)型材》GB/T 8814
3 《中空玻璃》GB/T 11944
4 《单元式空气调节机能效限定值及能效等级》GB 19576
5 《冷水机组能效限定值及能效等级》GB 19577
6 《通风机能效限定值及能效等级》GB 19761
7 《清水离心泵能效限定值及节能评价值》GB 19762
8 《建筑幕墙》GB/T 21086
9 《普通照明用自镇流无极荧光灯 性能要求》GB/T 21091
10 《房间空气调节器能效限定值及能效等级》GB 21455
11 《工业锅炉能效限定值及能效等级》GB 24500
12 《普通照明用非定向自镇流 LED 灯 性能要求》GB/T 24908
13 《空气源热泵辅助的太阳能热水系统(储水箱容积大于 0.6 m^3)技术规范》GB/T 26973
14 《空气源单元式空调(热泵)热水机组》GB/T 29031
15 《建筑幕墙、门窗通用技术条件》GB/T 31433
16 《风管送风式空调机组能效限定值及能效等级》GB 37479
17 《建筑照明设计标准》GB 50034
18 《电气装置安装工程 电气设备交接试验标准》GB 50150
19 《民用建筑热工设计规范》GB 50176
20 《屋面工程质量验收规范》GB 50207
21 《建筑给水排水及采暖工程施工质量验收规范》GB 50242
22 《通风与空调工程施工质量验收规范》GB 50243
23 《建筑电气工程施工质量验收规范》GB 50303

24 《屋面工程技术规范》GB 50345
25 《民用建筑太阳能热水系统应用技术标准》GB 50364
26 《地源热泵系统工程技术规范》GB 50366
27 《建筑节能工程施工质量验收标准》GB 50411
28 《金属与石材幕墙工程技术规范》JGJ 133
29 《外墙外保温工程技术标准》JGJ 144
30 《建筑门窗玻璃幕墙热工计算规程》JGJ/T 151
31 《种植屋面工程技术规程》JGJ 155
32 《倒置式屋面工程技术规程》JGJ 230
33 《建筑玻璃采光顶技术要求》JG/T 231
34 《建筑遮阳工程技术规范》JGJ 237
35 《采光顶与金属屋面技术规程》JGJ 255
36 《外墙内保温工程技术规程》JGJ/T 261
37 《建筑遮阳通用技术要求》JG/T 274
38 《建筑反射隔热涂料应用技术规程》JGJ/T 359
39 《建筑门窗复合密封条》JG/T 386
40 《建筑幕墙工程技术标准》DG/TJ 08—56
41 《公共建筑节能设计标准》DGJ 08—107
42 《建筑节能工程施工质量验收规程》DGJ 08—113
43 《太阳能热水系统应用技术规程》DG/TJ 08—2004A
44 《建筑太阳能光伏发电应用技术标准》DG/TJ 08—2004B
45 《公共建筑用能监测系统工程技术标准》DGJ 08—2068
46 《建筑反射隔热涂料应用技术规程》DG/TJ 08—2200
47 《地源热泵系统工程技术标准》DG/TJ 08—2119

上海市工程建设规范

既有公共建筑节能改造技术标准

DG/TJ 08—2137—2022

J 12587—2022

条 文 说 明

2023 上海

目　次

Contents

1 总 则

1.0.1 公共建筑单位能耗较居住建筑能耗要高很多，能耗强度为居住建筑的7.5倍～15倍，节能潜力巨大。本市于2005年开始实施《公共建筑节能设计标准》GB 50189，2012年颁布本市地方标准《公共建筑节能设计标准》DGJ 08—107，对新建或改、扩建公共建筑节能设计进行规范。而对于大量非节能既有公共建筑，应如何进行节能改造，目前还缺乏针对性的标准。因此，为了规范本市既有公共建筑节能改造工程的实施，特制定本标准。

1.0.2 在公共建筑中，尤以办公建筑、高档旅馆及大中型商场等几类建筑，在建筑标准、功能及空调系统等方面有许多共性，而且能耗高、节能潜力大。因此，办公建筑、旅游建筑、商业建筑是公共建筑节能改造的重点领域。

1.0.3 本标准对公共建筑进行节能改造时的节能诊断、适用材料、设备和技术、施工、验收等方面均作了规定，但既有公共建筑的节能改造涉及内容很多，相关专业均制定有相应的标准和规范。因此，在实施既有公共建筑的节能改造工程时，除应符合本标准外，尚应符合国家和本市现行有关标准的规定。

2 术 语

2.0.1 本标准所指的既有公共建筑包括办公、商业、旅游、科教文卫、通信及交通运输建筑等。

3 基本规定

3.0.2 本条规定既有公共建筑可选择分步实施单项节能改造，根据节能诊断结果优先采用易于实施、对业主影响小、效果显著、性价比高的节能改造技术，也可选择综合节能改造。

3.0.4 既有公共建筑节能改造，无论是围护结构还是设备的改造，均有可能影响抗震和结构安全。因此，既有公共建筑实施节能改造前，应对建筑物的抗震和结构安全状况进行勘察；当抗震和结构安全性能不能满足节能改造要求时，应采取加固措施。

3.0.5,3.0.6 既有公共建筑种类繁多，能耗状况也千差万别。对既有公共建筑能耗状况进行调查，了解其改造重点及改造潜力，是实施公共建筑节能改造的前提。节能改造的原则是最大限度挖掘现有设备和系统的节能潜力，通过节能改造，降低高能耗环节，提高系统的实际运行能效。

3.0.9 近年来，合同能源管理已成为推行公共建筑节能改造的有效途径。合同能源管理是发达国家普遍推行的、运用市场手段促进节能的服务机制。节能服务公司与用户签订能源管理合同，为用户提供节能诊断、融资、改造等服务，并以节能效益分享方式回收投资和获得合理利润，可以大大降低用能管理单位节能改造的资金和技术风险，充分调动用能单位节能改造的积极性，是行之有效的节能措施。2010 年 4 月国家发改委、财政部、人民银行、税务总局联合下发了《关于加快推进合同能源管理促进节能服务产业发展的意见》(国办发〔2010〕25 号)，为大型公共建筑节能改造、推进合同能源管理提供了政策保障。

4 围护结构节能改造

4.1 一般规定

目前,既有公共建筑节能改造中实施围护结构改造的非常少,基本不做。而且根据《上海市禁止或者限制生产和使用的用于建设工程的材料目录(第五批)》,外墙保温材料禁用较多。因此,本着鼓励公建实施节能改造的原则,不将围护结构性能作为节能改造判定依据。

4.2 节能诊断

4.2.4 外窗、透明幕墙气密性的检测应符合现行国家标准《建筑幕墙气密、水密、抗风压性能检测方法》GB/T 15227 的要求。

4.2.7,4.2.8 本标准为上海市地方标准,为与本市其他公建标准相协调,外墙传热系数的计算采用现行上海市工程建设规范《公共建筑节能设计标准》DGJ 08—107 附录 A 的方法。由于该标准未给出屋面传热系数的计算方法,故采纳现行国家标准《民用建筑热工设计规范》GB 50176 的计算方法。

4.3 设计要求

4.3.1 公共建筑围护结构热工性能最薄弱的环节是门窗,其能耗占建筑总能耗的比例较大。在保证日照、采光、通风、观景等要求的条件下,应尽量减少建筑外门窗和屋顶透明部分的面积,并提高门窗的气密性和门窗本身的保温性能,以减少冷风渗透及门窗本身的传热量。目前，上海地区外窗节能改造措施主要有整窗拆换、更换窗框和更换玻璃、增加玻璃镀膜、增设外遮阳和内遮阳等。

（1）整窗拆换应优先选用断热处理过的金属矿材和双层中空玻璃。

（2）窗户的窗框，采用导热系数小的塑料、断热处理过的金属框材、铝塑、木塑复合材料，保温又美观。

（3）如果是塑钢门窗，在不更换窗框的情况下，可以更换玻璃，把单层的玻璃换成中空隔热玻璃。其优点是具有较好的隔热性能，窗的热阻系数增加，并具有良好的气密性，亦可有效地防噪声。

（4）如果不改动窗框和窗玻璃，可以直接在玻璃窗内贴热反射薄膜。其优点是操作简便，可以大大减小太阳辐射热的进入；缺点是冬季对太阳辐射得热有一定的影响。

（5）为了提高建筑外窗的气密性，可在外窗缝隙处加设密闭条，有效防止室内热量的散失。

（6）在外窗上设置遮阳系统，如外侧采用遮阳篷、遮阳板，室内采用百叶窗、窗帘，可以减少阳光的直接照射，从而避免室内过热。

（7）根据现行国家标准《建筑幕墙、门窗通用技术条件》GB/T 31433 的规定，外窗气密性 6 级是指在标准状态下，压力差为 10 Pa 时的单位开启缝长空气渗透量 q_1/[m^3/(m·h)]和单位面积空气渗透量 q_2/[m^3/(m^2·h)]的绝对值符合 $1.0<q_1\leqslant 1.5$，$3.0<q_2\leqslant 4.5$ 的要求。

4.3.2 可开启窗扇应满足通风换气要求；根据现行国家标准《建筑幕墙、门窗通用技术条件》GB/T 31433 的规定，建筑幕墙气密性 3 级指的是开启部分气密性能分级指标 q_L/[m^3/(m·h)]和幕墙整体气密性能分级指标 q_A/[m^3/(m^2·h)] 符合 $0.5<q_L\leqslant 1.5$，$0.5<q_A\leqslant 1.2$ 的要求。

4.3.5 在倒置式屋面中，若原防水层完好的情况下，可做防渗水试验。加铺保温层后的防水施工基层首先应确保稳定、坚实，一般情况可增加 20 mm 厚水泥砂浆找平层或抗裂砂浆层；其次根据加铺保温材料的类型进行选择排气管道的预留，其中针对泡沫玻璃等吸水率小于 3%的保温材料可不再设置排气管道。

当改成绿化屋面时，无论原屋面是否渗漏，必须增设具有防止植物穿刺性能的防水材料，阻根防水材料需具备专业的耐根穿刺检测报告和阻根剂厂家的供货证明。

4.3.6

3 气凝胶绝热涂料体系绝热机理主要通过阻隔热传导、反射隔热和辐射隔热保温三个方面体现。辐射隔热保温效应在国家现行建筑节能设计标准中通过外表面换热阻体现。目前，外表面换热阻只考虑了墙体表面与室外大气环境的辐射和对流换热，而未考虑墙体表面直接与外太空大气窗口（即 8 μm～13.5 μm 的远红外波段）的辐射换热。气凝胶绝热涂料体系的大气窗口辐射换热阻应依据当地实际气候条件计算得到。

4 在内保温墙体上仅局部固定点密封会留下很多隐患，另外密封材料的可靠性很难保证，应对局部埋件及补强固定点位进行防水增强处理。

4.4 材料要求

4.4.1，4.4.2 目前，市场上用于围护结构节能改造的材料，如各种保温材料、网格布、胶粘剂、门窗五金件等，种类繁多，其质量和技术性能良莠不齐。为保证围护结构节能改造的质量，设计时应提供所选用材料的技术性能指标，其指标应符合有关标准要求；施工应按设计的要求及国家有关标准的规定进行。严禁使用国家明令禁止和淘汰使用的材料、设备。

当发生紧急事态时，遮阳装置不应影响人员从建筑中安全撤离。

4.4.3 改造所用防水材料、保温系统应强调外饰面系统的安全性、粘结性。防水材料根据外立面装饰形式选用合适的防水产品;非幕墙墙面可采用聚合物水泥防水砂浆类等施工后表面可粘结其他饰面层的粘结性能好的材料;幕墙饰面可采用柔性的涂料防水材料。

4.5 施工要求

4.5.1 外窗、透明幕墙及屋顶透明部分节能改造施工应符合下列要求:

1 单玻钢窗改造的最理想方法是将其窗扇改成钢塑隔声、保温节能窗扇;施工技术要求最高的是在窗扇钢骨架上包覆 PVC-U 材料,尤其在冬季包覆时,操作上应防止脆裂,必要时要提高施工车间和材料存放处的温度。

2 铝合金窗除极少为平开窗外,绝大多数是推拉窗,其窗扇改造较钢窗简单,只要将单玻换成中空玻璃即可。由于铝合金窗型较多,密封条必须与之配套,故选用密封条成为改造的一项重要工作。作平移用的滚动单轮支撑还需改为双轮支撑,大窗扇须用加强型双轮支撑。

3 塑钢单玻窗基本为推拉窗,其改造类似于铝合金窗的改造:一是单玻改成中空玻璃,二是将毛条密封改为优质橡塑密封条。将单玻换成中空玻璃时,必须同时调换原 PVC-U 嵌条和平移用的滚动支撑。

5 供暖、通风和空调及生活热水供应系统节能改造

5.1 一般规定

5.1.1 既有公共建筑供暖、通风和空调及生活热水供应系统节能改造过程中，涉及设备更换、管线重新铺设等，可能会对建筑装修造成一定破坏，影响建筑正常运营。因此，结合设备更新换代或建筑功能升级同步进行节能改造，可以降低改造成本，提高节能改造的经济性和可行性。

5.1.3 公共建筑的冷热源系统、输配系统、末端系统是一个相互联系、相互影响的复杂系统，无论对哪一部位进行改造，都需要考虑改造部位与其他部位的匹配性。

5.1.4 由于公共建筑普遍缺乏细致的用电计量，往往从总电量中通过某种拆分方法进行估算的方式来获得某个支路的电耗，偏差很大，而且基础数据平台缺乏，各种节能措施的实施效果无法得到客观的反映和评价。只有对水温、水流量进行监测和调节，对主要用电设备如制冷机组、冷冻水泵、冷却水泵、冷却塔等进行分项计量，才能找出用能环节中的问题和有效的节能潜力与途径，各种节能措施的实际效果也可从实际数据中得到客观的反映与评价。用能分项计量装置的安装应符合现行上海市工程建设规范《公共建筑用能监测系统工程技术规范》DGJ 08—2068 的规定。

5.2 节能诊断

5.2.1 本条给出了节能诊断的一般步骤，包括查阅图纸、现场调

查、查阅运行记录、现场检测和编制节能诊断报告。

5.2.2 现场检测时，可根据系统形式和实际需要，从以下参数中选取相关内容：

1 室内平均温度、相对湿度。

2 冷水机组、热泵机组实际性能系数。

3 锅炉运行效率。

4 水系统供回水温差。

5 水泵流量、扬程、效率。

6 冷却塔水量、冷却能力。

7 风机风量、风压、效率。

8 系统风量。

9 能量回收装置性能。

10 管道保温材料及厚度。

11 设备用电量。

12 燃料消耗量。

5.3 节能改造判定原则与方法

5.3.1 按照我国目前的制造水平和运行管理水平，结合调研发现，冷热源设备的使用年限一般为15年～20年，水泵的使用年限一般为20年，风机盘管和空调箱的使用年限一般为10年～15年，冷却塔的使用年限一般为15年～20年。在具体改造过程中，应根据设备实际运行状况来判定是否需要改造或更换。

由于建筑功能的改变或提升，原有供暖空调系统不能满足建筑供冷和供热需求时，宜对原有供暖空调系统进行改造。

冷热源设备所使用的燃料或工质应符合国家和本市相关政策。

对于目前广泛用于空调制冷设备的HCFC-22和HCFC-123制冷剂，按《蒙特利尔议定书》缔约方第十九次会议对缔约方的规定，我国将于2030年完成其生产与消费的加速淘汰，至

2030年削减至2.5%。

上海市燃煤(重油)锅炉和工业窑炉清洁能源替代工作已于2015年收官,根据市经信委统计数据显示,2015年全年已累计完成燃煤锅炉、窑炉清洁能源替代、关停2 442台,超额完成年初计划1 964台的目标任务,三年累计完成燃煤(重油)锅炉和工业窑炉关停和替代5 153台,全面完成了本市中小燃煤(重油)锅炉和窑炉的清洁能源替代任务。

5.3.2 本条中锅炉的运行效率是指锅炉日平均运行效率,测试条件和方法参见现行行业标准《居住建筑节能检测标准》JGJ 132。根据现行国家标准《工业锅炉能效限定值及能效等级》GB 24500的规定,燃轻柴油、燃气锅炉的能效限定值如表1所示。燃煤和燃重油锅炉属于上海市重点改造对象,因此,不再对其能效限定值做出规定。

表1　锅炉运行效率

燃料品种	燃料收到基低位发热量 $Q_{ar,net}$ (kJ/kg)(或 kJ/m^3 标态)	锅炉热效率(%)	
天然气	按燃料实际化验值	92	98[a](88[b])
燃油	按燃料实际化验值	90	—

[a]燃气冷凝锅炉额定工况下最低能效等级热效率值。
[b]按燃料收到基高位发热量计算的热效率

5.3.3 根据现行国家标准《冷水机组能效限定值及能效等级》GB 19577的规定,冷水机组的性能系数实测值的能效限定值如表2所示。

表2　冷水机组性能系数

类型	额定制冷量CC(kW)	性能系数
风冷式或蒸发冷却式	CC≤50	2.50
	CC>50	2.70

续表2

类型	额定制冷量 CC(kW)	性能系数
水冷式	CC≤528	4.20
	528<CC≤1 163	4.70
	CC>1 163	5.20

5.3.4 根据现行国家标准《房间空气调节器能效限定值及能效等级》GB 21455 的规定，房间空气调节器的能源消耗效率的限定值如表 3 所示。

表 3 房间空气调节器能源消耗效率

类型	额定制冷量 CC (W)	能源消耗效率
热泵型 (APF)	CC≤4 500	3.30
	4 500<CC≤7 100	3.20
	7 100<CC≤14 000	3.10
单冷型 (SEER)	CC≤4 500	3.70
	4 500<CC≤7 100	3.60
	7 100<CC≤14 000	3.50

5.3.5 根据现行国家标准《单元式空气调节机能效限定值及能效等级》GB 19576 的规定，单元式空气调节机能效限定值如表 4 所示。

表 4 单元式空气调节机性能系数

类型			性能系数
风冷式	单冷型 (SEER，Wh/Wh)	7 000 W≤CC≤14 000 W	2.90
		CC>14 000 W	2.70
	热泵型 (APF，Wh/Wh)	7 000 W≤CC≤14 000 W	2.70
		CC>14 000 W	2.60

续表4

类型		性能系数
水冷式 （IPLV，W/W）	CC>14 000 W	3.70
	7 000 W≤CC≤14 000 W	3.30

5.3.6 根据现行国家标准《风管送风式空调机组能效限定值及能效等级》GB 37479 的规定，风管送风式空调（热泵）机组性能系数的限定值如表 5 所示。

表 5 风管送风式空调(热泵)机组性能系数

类型			性能系数
风冷式	单冷型 （SEER，Wh/Wh）	CC≤7 100 W	3.00
		7 100 W<CC≤14 000 W	2.90
		14 000 W<CC≤28 000 W	2.70
		CC>28 000 W	2.60
	热泵型 （APF，Wh/Wh）	CC≤7 100 W	2.90
		7 100 W<CC≤14 000 W	2.80
		14 000 W<CC≤28 000 W	2.70
		CC>28 000 W	2.40
水冷式 （IPLV，W/W）		CC≤14 000 W	3.40
		CC>14 000 W	3.30

5.3.7 考虑到溴化锂机组本身耗能较高，运行费用较大，目前大部分使用单位均已更换了电制冷机组，因此本条中的蒸汽双效溴化锂吸收式冷水机组单位制冷量蒸汽耗量取值参照现行国家标准《溴化锂吸收式冷水机组能效限定值及能效等级》GB 29540 表 1 中的能效限定值，直燃溴化锂吸收机组性能参数参照现行国家标准《直燃型溴化锂吸收式冷（温）水机组》GB/T 18362 的要求。

5.3.8 用高品位的电能直接转换为低品位的热能进行供暖或空

调的方式,能源利用率低,是不合适的。需要说明的是:

1 上海地区冬季采用热泵供暖,也是一种较好的方案。但考虑到建筑物规模、性质及空调系统的设置情况,某些特定建筑可能没有条件设置空气源热泵或其他热泵系统。如果这些建筑冬季供热设计负荷很小(电热负荷不超过夏季供冷用电安装容量的 20%),允许采用局部电直接供热方式,但必须有可靠的消防安全措施。

3 对于利用谷电蓄热、昼间使用的建筑,必须进行设计日逐时热负荷分析,确保峰、平时段不会启用电加热。

对于内、外区合一的变风量空调系统中需要对局部外区进行加热的空调系统,上海地区不允许采用电直接加热的方法,因为局部外区加热量并不大,可以采用空气源热泵。

5.3.9 由于近年来大型冷水机组的性能系数提高较多,本条冷源综合制冷系数指标限值参照现行上海市工程建设规范《公共建筑节能设计标准》DGJ 08—107 表 4.5.5-2 的 90%取值。

5.3.10 在实际工程中,水泵选型偏大而造成系统大流量运行的现象非常普遍,造成水泵性能与管路实际阻力状况不匹配,导致水泵长期在低效率点工作,电流和能耗超标,甚至有烧毁电机的危险。对大流量运行或实际运行效率偏低的水泵进行调节或改造,节能效果十分明显。

5.3.11 本条规定是为了降低输配能耗,二次泵变流量是实现节能的保证。为了系统的稳定性,变流量调节的最大幅度不宜超过设计流量的 50%。空调冷水系统改造为变流量调节方式后,应对系统进行调试,使得变流量的调节方式与末端的控制相匹配。

5.3.16 系统能耗降低 20%是指由于供暖、通风和空调及生活热水供应系统采取一系列节能措施后,直接导致供暖、通风和空调系统及生活热水供应系统的能源消耗(电、燃油、燃气)降低了20%,而不包括由于围护结构节能改造导致通风空调系统及生活热水供应系统的能源消耗的下降量。

5.4 设计要求

5.4.1 冷热源系统

1 与新建建筑相比，既有公共建筑更换冷热源设备的难度和成本相对较高，因此，既有公共建筑冷热源系统节能改造应以挖掘现有设备的节能潜力为主。压缩机的运行磨损，换热器表面的污垢、制冷剂的泄漏等都会导致机组运行效率下降，因此加强冷热源设备的维修、保养，可以有效提高机组的性能。例如：定期检查并清除制冷机冷凝器和蒸发器盘管的结垢；时常检查冷水管路、阀门或管件，防止"跑、冒、滴、漏"等情况的出现。

在充分挖掘现有设备的节能潜力基础上，仍不能满足需求时，再考虑更换设备。更换设备之前，应对冷热源设备在冬、夏两种工况下的实际性能进行检测，若机组实际能效比较低，与标准的要求差距较大，可考虑根据负荷重新配置冷热源机组，更换能效比较高的冷热源设备。更换冷热源设备，应对其节能性和经济性进行分析。

2 运行记录是反映空调系统负荷变化情况、系统运行状态、设备运行性能和空调实际使用效果的重要数据。冷热源系统改造节能潜力分析，应以系统的运行记录为依据。设备运行记录包括冷热源机组编号、启停状态、机组电流、电压、进出水温度等。运行人员根据设备运行记录和电耗记录，定期（每周或每月）对数据进行整理、分析，并做成图表、曲线等。依靠详细的运行记录，一方面可以及时发现运行中的问题，另一方面可以根据负荷变化，调整冷热源设备的运行策略，保证机组高效运行。

5 目前，并不是所有冷水机组均可通过增设变频装置来实现机组的变频运行。因此，建议制定增设变频装置方案前，充分听取机组生产厂家的建议。

7 冷却塔直接供冷是指在常规空调水系统基础上适当增设

部分管路及设备，当室外湿球温度低至某个值以下时，关闭制冷机组，以流经冷却塔的循环冷却水直接或间接向空调系统供冷，由于减少了冷水机组的运行时间，因此节能效果明显。冷却塔供冷技术特别适用于需全年供冷或有需常年供冷内区的建筑如大型办公建筑内区、大型百货商场等。

8 当更换生活热水供应系统的锅炉或加热设备时，机组的供水温度应满足以下要求：生活热水水温低于60℃；间接加热热媒水水温低于90℃。

9 燃气锅炉和燃油锅炉的排烟温度一般在120℃～250℃，烟气中大量热量未被利用就直接排到大气中，不仅造成能源浪费，也加剧了环境的热污染。通过增设烟气热回收装置可降低锅炉的排烟温度，提高锅炉效率。

10 原有空调系统的冷热源设备，当与地源热泵系统可以较高效率的联合运行时，可予以保留，构成复合式系统。在复合式系统中，地源热泵系统宜承担基础负荷，原有设备作为调峰或备用措施。另外，原有机房内补水定压设备和管道接口等能够满足改造后系统使用要求的，也宜予以保留和再利用。

5.4.2 输配系统

2 变风量控制是一项有效的节能手段，通过风机变速调节，可以使空调风系统根据实际情况进行合理运行。变风量控制主要是根据室内外负荷变化或室内要求参数的变化，自动调节空调系统送风量，从而使室内参数达到全空气空调系统参数要求。

3 水泵的配用功率过大，是目前空调系统中普遍存在的问题。通过叶轮切削技术或水泵变速技术，可以有效降低水泵的实际运行能耗。目前，水泵变频调速是水泵节能改造中采用较多的一种方法。变频器能根据水泵负载变化调整电机转速，从而改变电机功率。

4 定流量水系统不具有实时变化设计流量的功能，当整个建筑处于低负荷时，只能通过冷水机组的自身冷量调节来实现供冷量的改变，而无法根据不同的末端冷量需求来做到总流量的按需供应。

变流量控制是一个有效的节能手段，通过水泵变速调节，可以使空调水系统根据实际情况进行合理运行。冷冻水系统可根据末端负荷变化，调节水泵流量。变流量控制主要是水泵变频控制，但采用变水量改造方案时，需要考虑冷水机组对变水量的适应性，冷水机组的容量调节和水泵变速运行之间的关系，以及所采用的控制参数和控制逻辑。

7 由于建筑节能改造，建筑物的空调负荷降低，故在进行地源热泵系统设计时，冬季可以适当降低供水温度，夏季可以适当提高供水温度，以提高地源热泵机组效率，减少主机电耗。供水温度提高或降低的程度应通过末端设备性能衰减情况和改造后空调负荷情况综合确定。

当地埋管换热器的出水温度、地下水或地表水的温度可以满足末端需求时，应优先采用上述低位冷（热）源直接供冷（供热），而不应启动热泵机组，以降低系统的运行费用；当负荷增大，水温不能满足末端进水温度需求时，再启动热泵机组供冷（供热）。

5.4.3 末端系统

1 在上海地区，过渡季节和部分冬季气候条件下，室外空气可以作为供冷需求区域的免费冷源。空调系统采用全新风或增大新风比的运行方式，既可以节省空气处理所消耗的能量，也可有效改善空调区域内的空气品质，具有很好的节能效果和经济效益。

人员集中且密闭性较好或过渡季节使用大量新风的空调区，应设置机械排风设施，排放量应适应新风量的变化。

2 当房间人员密度变化较大时，如果一直按设计的较大人员密度供应新风，将浪费较多的新风处理能耗。宜采取变新风量措施以降低新风处理量及新风处理能耗。其中，采用房间二氧化碳自动控制空调系统的新风量可以方便地实现自动控制。值得注意的是，如果只变新风量，不变排风量，有可能造成部分时间室内负压，反而增加能耗，故排风量应适应新风量的变化。

4 由于空调区域（或房间）排风中所含的能量十分可观，在新风量具有一定规模、技术经济分析合理时，集中加以回收利用可以取得很好的节能效果和环境效益。

当使用热回收装置的场合过渡季节也需要提供新风时，不需要再回收排风能量，应设置热回收装置的旁通风管，以减少风道阻力。

排风热回收装置的交换效率限值，参照现行上海市工程建设规范《公共建筑节能设计标准》DGJ 08—107 表 4.3.7。

5 餐厅、食堂和会议室等功能性用房，具有冷热负荷指标高、新风量大、使用时间不连续等特点，而且在过渡季节，其他区域需要供热时，上述区域可能存在供冷需求，因此在进行空调通风系统改造设计时，可采用调节性强、运行灵活、具有排风热回收功能的系统形式。

5.5 设备要求

5.5.1 新增供暖、通风和空调设备性能要求，应与相应能效标准中节能评价值的要求一致。

房间空调器的能效比按现行国家标准《房间空气调节器能效限定值及能效等级》GB 21455 中的 2 级要求；单元式空调机组能效比按现行国家标准《单元式空气调节机能效限定值及能效等级》GB 19576 中的 2 级要求。

溴化锂吸收机组性能参数参考现行国家标准《蒸汽和热水型溴化锂吸收式冷水机组》GB/T 18431 和《直燃型溴化锂吸收式冷（温）水机组》GB/T 18362 的相关规定。

具体要求如下：

（1）在额定制冷工况和规定条件下，蒸汽压缩制冷循环冷水（热泵）机组的性能系数（COP）不应低于表 6 的规定值。

表 6 冷水(热泵)机组制冷性能系数

类型	额定制冷量(kW)	COP(W/W)
水冷式	≤528 528～1 163 >1 163	5.30 5.60 5.80
风冷式或蒸发冷却式	≤50 >50	3.00 3.20

注：额定制冷工况指额定空调工况。

(2) 多联式空调(热泵)机组的制冷综合性能系数 IPLV(C)不应低于表 7 的规定。

表 7 多联式空调(热泵)机组的制冷综合性能系数 IPLV(C)

制冷量 CC(kW)	制冷综合性能系数
CC≤28	3.40
28<CC≤84	3.35
CC>84	3.30

(3) 在额定工况条件下，房间空调器能效指标不应低于表 8 的规定。

表 8 房间空调器能效指标

类型	额定制冷量 CC (W)	能效指标
热泵型 (APF)	CC≤4500	4.50
	4 500<CC≤7 100	4.00
	7 100<CC≤14 000	3.70
单冷型 (SEER)	CC≤4 500	5.40
	4 500<CC≤7 100	5.10
	7 100<CC≤14 000	4.70

注：按现行国家标准《房间空气调节器能效限定值及能效等级》GB 21455 中能效等级 2 级选用。

(4) 采用名义制冷量大于 7 000 W 的电机驱动压缩机的单元式空调机时，在额定制冷工况和规定条件下，其性能系数不应低于表 9 中的规定值。

表 9 单元式机组性能系数

类型			性能系数
风冷式	单冷型 (SEER，Wh/Wh)	7 000 W≤CC≤14 000 W	3.80
		CC>14 000 W	3.00
风冷式	热泵型 (APF，Wh/Wh)	7 000 W≤CC≤14 000 W	3.10
		CC>14 000 W	3.00
水冷式 (IPLV，W/W)		CC>14 000 W	4.30
		7 000 W≤CC≤14 000 W	3.70

(5) 蒸汽和热水型溴化锂吸收式冷水机组及直燃型溴化锂吸收式冷(温)水机组应选用能量调节装置灵敏、可靠的机型，在名义工况下的性能参数应符合表 10 中的规定。

表 10 溴化锂吸收式机组性能参数

机型	名义工况			性能参数		
	冷(温)水进/出口温度(℃)	冷却水进/出口温度(℃)	蒸汽压力(MPa)	单位制冷量蒸汽耗量[kg/(kW·h)]	性能系数(W/W)	
					制冷	制热
蒸汽双效	12/7	30/35	0.40	≤1.19	—	—
			0.60	≤1.11	—	—
			0.80	≤1.09	—	—
直燃	供冷 12/7	30/35	—	—	≥1.30	—
	供热出口 60	—	—	—	—	≥0.90

5.6 施工要求

5.6.1 材料和设备的进场验收包括对材料和设备的规格、尺寸、标识等进行检查验收；对材料和设备的质量证明文件，如产品质量保证书、出厂合格证、性能检测报告等进行核查。

5.6.2 冷热源系统

3 冷却塔安装的位置大都在建筑顶部，一般需要设置专用的基础或支座。冷却塔属于大型的轻型结构设备，运行时既有水循环又有风循环，因此设备安装时，强调固定牢固。

4 冷却塔经过多年运行，其填料容易发生变形、结垢等问题，本条对填料的更换方法进行了规定。

5.6.3 输配系统

1 既有公共建筑水泵、风机加装变频器是较为普遍的节能改造方式，本条对变频器安装的环境以及安装过程中的注意事项进行了规定。

4 调查发现，部分公共建筑空调水系统的输配水管道保温材料采用玻璃棉，由于输配水管道表面夏季有结露现象，且管道使用时间较长，玻璃棉吸水情况严重导致保温效果明显下降，冷量、热量在输送中白白损失。因此，本条提出了管道绝热层的更换方法。

5.6.4 末端系统

3 排风热回收装置可以安装在室外，也可以在室内进行吊顶安装。安装在室外时，新、排风口应采取防雨措施，如在室外新风入口、排风出口应安装止回阀或防雨百叶风口等。安装在墙壁或吊顶上时，应考虑对结构安全的影响。

5.7 验收要求

5.7.1～5.7.4 公共建筑供暖、通风和空调及生活热水供应系统的节能改造工程验收应符合相关验收规范的要求。

新增地源热泵系统或太阳能热水系统时，其验收应符合现行国家标准《地源热泵系统工程技术规范》GB 50366 和《民用建筑太阳能热水系统应用技术标准》GB 50364 的相关规定。新增空气源热泵热水系统时，其验收应符合现行国家标准《空气源热泵辅助的太阳能热水系统（储水箱容积大于 0.6 m^3）技术规范》GB/T 26973 或《空气源单元式空调（热泵）热水机组》GB/T 29031 的相关规定。

5.7.5 本条规定了既有公共建筑供暖、通风和空调及生活热水供应系统施工质量验收应提交的资料。

6　电力与照明系统节能改造

6.1　一般规定

6.1.1　对原电力与照明系统进行改造之前，施工方要提前制定详细的施工方案，方案中应包括进度计划、应急方案等。

6.1.2　尤其是配件系统改造，当变压器、配电柜中元器件等仍然使用国家淘汰产品时，要考虑更换。

6.1.3　应采用国家有关部门推荐的绿色节能产品和设备。照明灯具的选择应符合现行上海市工程建设规范《建筑节能工程施工质量验收规程》DGJ 08—113 的规定。

6.2　节能诊断

6.2.1　电力系统是为建筑内所有用电设备提供动力的系统，其用电设备是否运行合理、节能均从消耗电量来反映。因此，其系统状况及合理性直接影响了建筑节能用电的水平。

6.2.2　根据有关部门规定，应淘汰能耗高、落后的机电产品，检查是否有淘汰产品存在。

6.2.3　根据观察每台变压器所带常用设备一个工作周期耗电量，或根据目前正在运行的用电设备铭牌功率总和，核算变压器负载率，当变压器平均负载率在60%～70%时，为合理节能运行状况。

6.2.4　常用供电主回路一般包括：

1　变压器进出线回路。

2　制冷机组主供电回路。

3 单独供电的冷热源系统附泵回路。

4 集中供电的分体空调回路。

5 给水排水系统供电回路。

6 照明插座主回路。

7 电子信息系统机房。

8 单独计量的外供电回路。

9 特殊区供电回路。

10 电梯回路。

11 其他需要单独计量的用电回路。

以上这些回路设置是根据常规电气设计而定的，一般是指低压配电室内的配电柜的馈出线，分项计量原则上不在楼层配电柜（箱）处设置表计。基于这条原则，照明插座主回路就是指配电室内配电柜中的出线，而不包括层照明配电箱的出线。

对变压器进出线进行计量是为了实时监视变压器的损耗，因为负载损耗是随着建筑物内用电设备用电量的大小而变化的。

特殊区供电回路负载特性是指餐饮、厨房、信息中心、多功能区、洗浴、健身房等混合负载。

外供电是指出租部分的用电，也是混合负载，如一栋办公楼的一层出租给商场，包括照明、自备集中空调、地下超市的冷冻保鲜设备等，这部分供电费用需要与大厦物业进行结算，涉及内部的收费管理。

分项计量电能回路用电量校核检验采用现行行业标准《公共建筑节能检测标准》JGJ 177 规定的方法。

6.2.5 建筑物内低压配电系统的功率因数补偿应满足设计要求，或满足当地供电部门的要求。要求核查调节方式主要是为了保证任何时候无功补偿均能达到要求。若建筑内用电设备出现周期性负荷变化很大的情况，如果未采用正确的补偿方式，很容易造成电压不稳定的现象。

6.2.6 随着建筑物内大量使用的计算机、各种电子设备、变频电器、节能灯具及其他新型办公电器等，使供配电网的非线性（谐波）、非对称性（负序）和波动性日趋严重，产生大量的谐波污染和其他电能质量问题。这些电能质量问题会引起中性线电流超过相线电流、电容器爆炸、电机烧损、电能计量不准、变压器过热、无功补偿系统不能正常投运、继电器保护和自动装置误动跳闸等危害。同时，许多网络中心、广播电视台、大型展览馆和体育场馆、急救中心和医院的手术室等大量使用的敏感设备对电力系统的电能质量也提出了更高和更严格的要求，因此应重视电能质量问题。三相电压不平衡度、功率因数、谐波电压及谐波电流、电压偏差检验均采用现行行业标准《公共建筑节能检测标准》JGJ 177 规定的方法。

6.2.7 灯具类型诊断方法为核查光源和附件型号，是否采用节能灯具，其能效等级是否满足国家及上海市相关标准。

荧光灯具包括光源部分、反光罩部分和灯具配件部分，灯具配件耗电部分主要是镇流器，国家和上海市对光源和镇流器部分的能效限定值都有相关标准。灯具的使用一般都配有反光罩，对于反光罩的反射效率目前没有相关规定，因此需要对灯具的整体效率有一个评判。照度值是测评照明是否符合使用要求的一个重要指标，防止有人为了达到规定的照明功率密度而使用照度水平低的产品，虽然可以满足功率密度指标但不能满足使用功能的需要。

照明功率密度值是衡量照明耗电是否符合要求的重要指标，需要根据改造前的实际功率密度值判断是否需要进行改造。照明控制诊断方法为核查是否采用分区控制，公共区控制是否采用感应、声音等合理有效控制方式。目前公共区照明是能耗浪费的重灾区，经常出现长明灯现象，单靠人为的管理很难做到合理利用，因此需要对这部分照明加强控制和管理。

照明灯具效率、照度值、功率密度值、公共区照明控制检验均采用现行行业标准《公共建筑节能检测标准》JGJ 177 中规定的检验方法。

6.2.8 照明系统节电率是衡量照明系统改造后节能效果的重要量化指标，它比照明功率密度指标更直接更准确地反映了改造后照明实际节省的电能。

6.3 节能改造判定原则与方法

6.3.1 当确定的改造方案中涉及各系统的用电设备时，其配电柜(箱)、配电回路等均应根据更换的用电设备参数进行改造。这首先是为了保证用电安全，其次是为了保证改造后系统功能的合理运行。

6.3.2 通常变压器容量是按照用电负荷确定的，但有些建筑建成后使用功能发生了变化，这样就有可能造成变压器容量偏大，导致低效率运行。变压器的固有损耗占全部电耗的比例会较大，用户消耗的电费中有很大一部分是变压器的固有损耗，如果建筑物的用电负荷在建筑的生命周期内可以确定不会发生变化，则应当更换合适容量的变压器。变压器平均负载率的周期应根据春夏秋冬四个季节的用电负荷计算。

6.3.3 设置电能分项计量可以使管理者清楚地了解各种用电设备的耗电情况，进行准确的分类统计，制定科学的用电管理规定，从而节约电能。

6.3.4 在进行建筑电力设计时，设计单位均按照当地供电部门的要求设计了无功补偿。但随着建筑功能的扩展或变更，大量先进用电设备的投入，使原有无功补偿设备或调节方式不能满足要求。这时应制定详细的改造方案，应包含集中补偿或就地补偿的分析内容，并进行投资效益分析。

6.3.5 对于建筑电气节能要求，供用电电能质量只包含了三相电压不平衡度、功率因数、谐波和电压偏差。三相电压不平衡一般出现在照明和混合负载回路，初步判定不平衡可以根据 A、B、C

三相电流表示值，当某相电流值与其他相的偏差为15%左右时，可以初步判定为不平衡回路。功率因数需要核查基波功率因数和总功率因数两个指标，一般我们所说的功率因数是指总功率因数。谐波的核查比较复杂，需要电气专业工程师来完成。电压偏差检验是为了考察是否具有节能潜力，当系统电压偏高时可以采取合理的改造措施实现节能。

6.3.6 国家及上海市对灯具的性能有明确规定，现行国家标准有《建筑照明设计标准》GB 50034、《普通照明用气体放电灯用镇流器能效限定值及能效等级》GB 17896、《普通照明用双端荧光灯能效限定值及能效等级》GB 19043、《普通照明用荧光灯能效限定值及能效等级》GB 19044、《单端荧光灯能效限定值及节能评价值》GB 19415、《高压钠灯能效限定值及能效等级》GB 19573 等。这些标准规定了照明功率密度、荧光灯和镇流器的能耗限定值等参数。如果建筑物中采用的灯具不符合能效限定值的要求，并同时考虑灯具的使用寿命，宜进行相应改造。

6.3.7 公共区的照明容易产生长明灯现象，尤其是既有公共建筑的公共区，一般都没有采用合理的控制方式。对于不同使用功能的公共照明应采用合理的控制方式，例如办公楼的公共区可以采用定时与感应控制相结合的控制方式，上班时间采用定时方式，下班时间采用声控方式。总之，不要因为采用不合理的控制方式而影响使用功能。

6.3.8 对于办公建筑，可核查靠近窗户附近的照明灯具是否可以单独开关。若不能，则需要分析照明配电回路的设置是否可以进行相应的改造。改造应选择在非办公时间进行。

6.4 设计要求

6.4.1 电力系统节能改造设计应符合以下要求：

1 配电系统改造设计要认真核查负荷增减情况，避免因用电设备功率变化引起断路器、继电器及保护元件参数的不匹配。

2 电力系统改造线路敷设非常重要，一定要进行现场踏勘，对原有路由需要仔细考虑，一些老建筑的配电线路很多都经过二次以上的改造，有些图纸与实际情况根本不符，如果不认真进行现场踏勘会严重影响改造施工的顺利进行。

3 目前，建筑供配电设计容量是一个比较矛盾的问题，既需要考虑长久用电负荷的增长，又要考虑变压器容量的合理性。如果没有充分考虑负荷的增长，就会造成运行一段时间后变压器容量不能满足用电要求；而如果变压器容量选择太大，又会造成变压器损耗的增加，不利于建筑节能。这二者之间应该有一个比较合适的平衡点，需要电气设计人员与业主充分讨论并对未来用电设备发展有较深入的了解，预留合理的变压器容量。若变压器改造后容量有所改变，则需按照上海市规定的要求重新进行报审。

4 设置电能分项计量可以使管理者清楚地了解各种用电设备的耗电情况，进行准确的分类统计，制定科学的用电管理规定，从而节约电能。建筑面积超过 2 万 m^2 的为大型公共建筑，这类建筑的用电分项计量应采用具有远传功能的监测系统。合理设置用电分项计量是指采用直接计量和间接计量相结合的方式，在满足分项计量要求的基础上尽量减少安装表计的回路，以最少的投资获取数据。

安装表计回路设置应根据常规电气设计而定。需要注意的是对变压器损耗的计量，但是否能在变压器进线回路上增加计量需要确定变配电室产权是属于业主还是属于供电部门，并与当地供电部门协商，是否具有增加表计的可能。需要特别注意的是，在供电局计量柜中只能取其电压互感器的值，不能改动计量柜内的电流互感器；电流值需要取自变压器进线柜内单独设置的 10 kV 电流互感器，不要与原电流互感器串接。

5 无功补偿是电气系统节能和合理运行的重要因素。有些建筑虽然设计了无功补偿设备但不投入运行，或运行方式不合理，若补偿设备确实无法达到要求时，经过投资回收分析后可更换设备。

6 一般，对谐波的治理可采用滤波器、增加电抗器等方法。采用何种方法，需要对谐波源进行分析。最可靠的方法是首先对谐波源进行治理，例如节能灯是谐波源时，可对比直接改造灯具和增加各种谐波治理装置方案的优劣，确定最终改造方案。当照明回路的电压偏高时，有些节电设备的节能原理是利用智能化技术降低供电电压，既可达到节电的目的，又可延长灯管的使用寿命。

6.4.2 照明系统节能改造设计应符合以下要求：

1 照明回路配电设计应重新根据现行国家标准《建筑照明设计标准》GB 50084 中规定的功率密度值进行负荷计算，并核查原配电回路的断路器、电线电缆等技术参数。

2 面积较小且要求不高的公共区照明一般采用就地控制方式，这种控制方式价格便宜，能起到事半功倍的效果；面积大且要求较高的公共区照明可根据需要设置集中监控系统，如已经具备楼宇自控系统的建筑可将此部分纳入其监控系统。

3 照明配电系统改造设计时要预留足够的接口，如果接口预留数量不足或不符合监测与控制系统要求，就无法实施对照明系统的控制。照明配电箱做成后若再增加接口，一是位置空间可能不合适，二是需要现场更改增加很多麻烦。在大型建筑内，照明控制系统应采用分支配电方式。在这种情况下，可以在过道内分布若干个同样类型的分支配电装置，由楼层配电箱负责分支配电装置的供电，由此可以使线路敷设简单而且层次分明。

6 除对靠近窗户附近的照明灯具单独设置开关外，还可以在条件具备的情况下，通过光导管技术，将太阳光直接导入室内。

6.5 设备要求

6.5.1 电动机的容差应符合现行国家标准《旋转电机定额和性能》GB 755 第11章的规定；电动机效率的能效限定值应按现行国家标准《三相异步电动机试验方法》GB/T 1032 中的损耗分析法确定，其中杂散损耗按额定输入功率的0.5%计算；电动机效率的节能评价值应按现行国家标准《电动机能效限定值及能效等级》GB 18613 中附录A规定的方法测定。

7 用能监测系统改造

7.1 一般规定

7.1.1 本条规定了用能监测系统改造的总原则。

7.1.3 节能改造时，最重要的是根据改造前后的数据对比，判断节能量。因此，涉及节能运行的关键数据必须经过 1 个供暖季、供冷季和过渡季，至少需要 12 个月的时间。由于数据的重要性，本条规定，无论系统停电与否，与节能相关的能耗原始数据均应至少保存 1 年以上。

7.2 节能诊断

7.2.1 建筑面积、建筑地址、建筑类型、配电系统结构、主要用能设备形式、管理需求等建筑基本情况既是用能监测系统改造的设计依据，也是系统建成后数据分析的前提条件。

7.3 节能改造判定原则与方法

7.3.3 公共建筑用能监测系统应符合现行上海市工程建设规范《公共建筑用能监测系统工程技术标准》DGJ 08—2068 的要求。对于未安装用能监测系统或用能监测系统不符合标准要求的公共建筑，应进行增设或改造。

7.4 设计要求

7.4.1 一般，电力系统会单独设置其监测系统，可采用通信接口的形式与其相连，实现资源共享。此方法已在很多项目上实施，具有安全可靠、使用方便等优点。以往在用能监测系统中再设置低压配电系统传感器采集数据的方式，既费时费力，又受现场安装条件限制不可能在所有重要回路设置传感器，造成数据不全，不能满足用电分项计量的要求。

7.5 设备要求

7.5.1 本条规定中电子式电能计量装置精度等级标准参考了现行国家标准《用能单位能源计量器具配备和管理通则》GB 17167 中关于用能单位能源计量器具准确度等级的要求。电流互感器精度等级规定系参考现行国家标准《互感器 第2部分：电流互感器的补充技术要求》GB/T 20840.2 的要求。

7.5.2 本条规定数字水表选型准确度等级要求系参考现行国家标准《冷水水表》GB/T 778 的规定。

7.6 施工要求

7.6.3 电流互感器同名端必须一致：如果 P1 端有电流流入或流出，则 S1 端有电流流出或流入，P2 和 S2 的情况也一样，以保证该组电流互感器一次及二次回路电流的正方向。

电流互感器二次回路接线要求安装接线端子(具有短接功能)是为了便于计量装置日后维护。变压器低压出线回路安装试验端子，更便于负荷校表及带电换表。

电流互感器二次侧一端接地，具体接法可参考现行上海市工程建设规范《公共建筑用能监测系统工程技术标准》DGJ 08—2068 的规定。

计量装置在原配电柜内的安装尺寸要求参见现行行业标准

《电能计量装置安装接线规则》DL/T 825 中的规定。

7.6.5 温度传感器安装规定参照现行行业标准《热量表》CJ 128 中附录 C 的要求。

8　节能改造后评估

8.0.1　为达到更好的评估效果，本条规定既有公共建筑节能改造后评估应在完成工程竣工验收且运行1年后及时实施。

8.0.2　对于满足建筑“特种功能”的用能设备或系统，如办公建筑内的信息中心设备等，应根据情况判断是否纳入后评估范围：若节能改造实施范围包括“特种功能”的用能设备或系统能耗时，可将该“特种功能”的用能设备及系统纳入后评估范围；若节能改造实施范围不包括“特种功能”的用能设备及系统能耗时，可不将该“特种功能”的用能设备及系统纳入后评估范围，具体情况由后评估实施机构判定。

但为维持建筑环境的用能设备或系统，如实验室、信息中心的供暖空调设备或系统、照明设备或系统等均属于建筑常规功能的用能设备或系统。

8.0.3　节能改造后评估和节能诊断的内容应保持一致。改造前后的检测应在相同的使用条件或运行工况下，针对同一测点位置或设备，采取相同的测试条件和检测方法，以保证评估结果的可靠性和可比性。

8.0.4　节能效果核定是对公共建筑节能改造实施效果的分析判断，主要根据改造措施实施前后公共建筑能源消耗情况的检测、监测和分析结果对节能量进行核定。

8.0.5　建筑物室内环境检测的内容包括室内温度、相对湿度和风速。检测方法参见现行行业标准《公共建筑节能检验标准》JGJ 177和现行上海市工程建设规范《公共建筑能源审计标准》DG/TJ 08—2114。

8.0.6,8.0.7　针对单项节能改造项目，节能改造后评估应主要针对改造部位或实施的改造措施，对改造后的效果进行评估，评估内容宜包括改造完成质量、改造后能耗、节能率等；针对综合节能改造项目，节能改造后评估应主要针对整体改造效果，评估内容宜包括改造后建筑综合能耗、节能率等。

8.0.9 通过检查，可发现改造前后运行工况或建筑使用情况是否发生变化。一旦发生变化，应对改造前或改造后的能耗进行调整。